天津蓝皮书
Blue Book of Tianjin

天津生态文明建设报告（2025）

ANNUAL REPORT ON ECOLOGICAL CONSERVATION OF TIANJIN (2025)

主　　编　钟会兵　王　双
执行主编　王会芝

天津社会科学院出版社

图书在版编目（CIP）数据

天津生态文明建设报告. 2025 / 钟会兵，王双主编 ；
王会芝执行主编. -- 天津 ： 天津社会科学院出版社，
2025. 1. -- (天津蓝皮书). -- ISBN 978-7-5563-1064-
7

Ⅰ. X321.221

中国国家版本馆 CIP 数据核字第 2025Y2G812 号

天津生态文明建设报告. 2025
TIANJIN SHENGTAI WENMING JIANSHE BAOGAO. 2025

责任编辑：杜敬红
装帧设计：高馨月
出版发行：天津社会科学院出版社
地　　址：天津市南开区迎水道 7 号
邮　　编：300191
电　　话：（022）23360165
印　　刷：雅迪云印（天津）科技有限公司
开　　本：710×1000　　1/16
印　　张：16.25
字　　数：246 千字
版　　次：2025 年 1 月第 1 版　　2025 年 1 月第 1 次印刷
定　　价：108.00 元

《天津生态文明建设报告(2025)》
编辑委员会

前　言

生态文明建设是关系中华民族永续发展的根本大计。以习近平同志为核心的党中央高度重视生态文明建设,把生态文明建设作为统筹推进“五位一体”总体布局和协调推进“四个全面”战略布局的重要内容,走出了一条绿色低碳高质量发展道路,推动我国生态文明建设发生了历史性、转折性、全局性变化。党的十八大以来,天津深入贯彻落实习近平生态文明思想和中央部署要求,在生态文明建设方面取得了突出成就,形成了典型经验,为全面建设社会主义现代化大都市打下了坚实的基础。

为深入贯彻落实习近平新时代中国特色社会主义思想和党的二十大、二十届二中、三中全会精神,深入学习习近平生态文明思想,贯彻落实习近平总书记视察天津重要讲话精神和对天津工作的一系列重要指示要求,系统反映天津生态文明建设、绿色低碳发展的状况进展、创新举措、突出成效和经验启示,聚焦绿色低碳发展战略性重大现实问题,结合生态文明建设各领域实践进展,天津社会科学院组织编撰了天津生态文明建设报告。

2024 年,天津持续推进生态文明建设,京津冀生态环保协同深入推进,污染防治攻坚战见行见效,生态系统多样性、稳定性、持续性不断提升,绿色低碳转型发展再上新台阶,绿色低碳金融和技术创新支撑体系不断完善,“两山”转化路径日益深化,全面推进美丽天津建设步伐不断加快。2025 年,立足国内外绿色发展新形势和生态文明建设新要求,天津要以习近平生态文明思想为指导,贯彻落实全国生态环境保护大会部署,坚定不移走生态优先、绿色发展之路,扎实推动全领域转型、全方位提升、全地域建设、全社会行动,汇聚全社会共建共治共享美丽天津的强大合力,以高品质生态环境支撑高质量发展,加快建设人与自然和谐共生的现代化天津。

《天津生态文明建设报告(2025)》共收录20篇研究报告,分为总报告和专题报告两部分。总报告为《建设人与自然和谐共生的美丽天津——2024年天津生态文明建设报告》,专题报告包括环境治理篇、生态建设篇、绿色低碳发展篇、改革创新篇、案例篇五部分。研究内容涵盖天津生态文明建设的成效与路径,农村、海洋、生物多样性保护与治理,"无废城市"建设、绿色生态屏障建设、生态文明建设示范区、国家绿色发展示范区建设,以及对减污降碳协同推进、生态环境分区管控、生态保护补偿、碳普惠、生态产业化等制度和举措的实践思考,对制造业、交通、能源等领域和国有企业的绿色低碳发展研究,对天津生态文明在金融、法治、宣教等领域的发展路径进行探索。

《天津生态文明建设报告(2025)》由天津社会科学院联合天津市生态环境科学研究院、国家海洋信息中心、农业农村部环境保护科研监测所、南开大学生态文明研究院、天津大学中国绿色发展研究院、天津科技大学绿色发展研究院、城建大学环境与市政工程学院、天津市经济发展研究院、天津市政总院综合交通研究院、天津市水产研究所、国网天津电力发展研究中心等单位共同编写完成,天津社会科学院出版社出版发行。

《天津生态文明建设报告(2025)》是系统总结分析天津生态文明建设进展、实践创新的重要载体。报告围绕天津生态文明建设中的热点问题、关键问题,系统研究并深度剖析新发展阶段的新趋势新特征。作为具有科学性、前瞻性、权威性的最新智库研究成果,报告将为天津市委、市政府及相关部门科学决策提供有益参考,为谱写人与自然和谐共生的现代化天津篇章贡献力量。

目　录

总报告

环境治理篇

生态建设篇

绿色低碳发展篇

改革创新篇

案例篇

总报告

建设人与自然和谐共生的美丽天津
——天津生态文明建设报告（2024—2025）

天津社会科学院生态文明研究课题组①

摘　要： 2024年，天津持续推进生态文明建设，京津冀生态环保协同深入推进，污染防治攻坚战见行见效，生态系统多样性、稳定性、持续性不断提升，产业、能源绿色转型发展再上新台阶，绿色低碳金融和技术创新支撑体系持续完善，“两山”转化步伐不断加快。立足于国内外绿色发展新形势和生态文明建设新要求，建设人与自然和谐共生的美丽天津，要深入推进重点领域绿色低碳转型，促进资源节约集约高效循环利用，持续深入打好蓝天碧水净土保卫战，推进山水林田湖草一体化保护和系统治理，拓宽绿水青山向金山银山转化路径，推动形成绿色低碳的生产方式和生活方式，汇聚全社会共建共治共享美丽天津的强大合力。

关键词： 生态文明　绿色低碳发展　美丽天津

---

① 执笔人：王会芝、兰梓睿、刘俊利、席艳玲。其中，王会芝，天津社会科学院生态文明研究所所长，研究员；兰梓睿、刘俊利、席艳玲，天津社会科学院生态文明研究所副研究员。

一　天津生态文明建设取得的显著成绩

(一)京津冀生态环保协同深入推进

一是强化顶层设计,完善协同机制。立足大环保理念,成立生态协同专题工作组,协同部门扩展到水务、园林,建立“1+8”工作运行机制,实现“生态+环境”各个领域贯通、京津冀各个地区衔接。组织京津冀生态环境部门、党校、社科院所、高校“三地四方”联合举办研讨会,共商建设美丽中国先行区的新路径、新举措。组织召开协调小组会议,发布京津冀生态环境联建联防联治走深走实行动宣言,制定实施两批44条协同措施。建立环评机构、辐射安全跨区域协同管理,信访举报、露天焚烧火情协同处置,空气质量、危险废物管理数据三地共享,落实执法互认、源头追溯等8项协同工作机制,全面加强区域生态环境协作。

二是突出重点攻坚,深化协同治理。坚持京津冀一体化治理,开展秋冬季大气污染综合治理攻坚行动,全市环保绩效A级、B级企业及引领性企业达到290家。签订实施引滦入津上下游横向生态保护补偿第三期协议,黎河桥和沙河桥两个入津断面水质达到Ⅱ类;设立“跨界河湖长”,合作开展“跨界河长”巡河“多走一公里”活动;深入开展入河入海排污口整治,子牙河(红桥区)段获评全国美丽河湖优秀案例,中新天津生态城岸段获评全国美丽海湾。启动危险废物跨省“点对点”定向利用试点,加强森林资源保护与利用,发布重点保护野生植物名录,联合保护野生动物,实现过境候鸟非正常零死亡目标。

三是着力突破创新,拓展协同领域。首届京津冀生态产业创新发展大会在天津召开,组建“环保科技产业创新共同体”,科技赋能天津12条重点产业链绿色发展。三地共同编制低碳出行减排核算技术规范,创新开展绿电碳排放核减。成立“京津冀生物多样性协同创新中心”,建立国家生态综合观测站(天津环渤海滨海站),七里海野生鸟类增至近260种,我国境内疑似灭绝的彩鹳现身北大港湿地自然保护区。与国家超级计算天津中心联合开发全国首个"AI 智能环保管家"大模型,实现多形式、多场景下对环保政策、企业运行中环保问题的精准应答。签订京津冀雄生态环境监测战略合作框架协议,成立天津市生态环境监测中心雄安新区工作站,服务雄安新区加快环境监测体系建设。

(二)污染防治攻坚战见行见效

一是大气环境质量不断改善。天津深化燃煤、工业、移动源、扬尘、新建项目污染源综合治理,强化细颗粒物和臭氧协同控制,加强重污染天气应急防控。合理控制煤炭消费,完成燃煤锅炉改燃并网任务,保留的 9 台高效煤粉锅炉全部达到能效标杆水平。持续推进重点行业超低排放改造,对垃圾焚烧企业进行对标治理,对挥发性有机物实行全过程综合整治,对重点行业、企业进行提标改造;扩大绩效分级结果应用,全市 4 家钢铁企业全部完成超低排放改造,完成率 100%、达到国内领先水平;13 家垃圾焚烧企业对照全国领先的排放标准提升改造运行。推进柴油货车清洁化,强化油品储运销环节油气治理,淘汰老旧车 4.5 万辆,新增各类新能源车 15.7 万辆。推进大宗货物"公转铁""公转水"和集装箱多式联运,天津港铁矿石清洁运输比例稳定在 65% 以上。2023 年,天津大气环境质量保持总体稳定,细颗粒物($PM_{2.5}$)年均浓度 41 微克/立方米,与 2019 年相比改善 19.6%,优良天数 244 天。

二是水生态环境质量不断提升。深化水污染治理,强化工业废水治理,推进城镇污水处理提质增效,基本消除城市建成区黑臭水体。加强水资源调度与配置,统筹配置外调水、再生水等各类生态水资源,统筹利用多种水源向全市河湖湿地生态补水 14 亿立方米,持续推动河湖生态环境向好。加强水生态保护,继续推进河道环境综合治理和生态修复,加强于桥水库周边面源治理、生态系统修复,实施永定河武清段、黄港湿地等一系列水生态修复工程,开展饮用水水源地保护区环境状况调查与评估,常态化开展巡查和执法检查,地级及以上城市集中式饮用水水源地水质达标率保持 100%。开展入河入海排污口排查溯源、分类整治,对天津 133 条河流和 23 座重点湖库入河排污口开展全覆盖排查溯源,建立底数清单。完成城市建成区黑臭水体新一轮排查,开展城市黑臭水体整治环境保护行动,确保“长制久清”。实施入海河流“一河一策”,加强海水养殖污染防治,开展海洋生态环境质量监测调查,印发实施《入海河流总氮“一河一策”治理与管控方案》《天津市海水养殖尾水污染物排放标准》等文件,完成中新生态城临海新城北堤岸线等生态整治修复工程。水环境质量达到近年最好水平,国控地表水断面优良比例为60%,12条入海河流全部消劣,近岸海域优良水质比例为70.9%。

三是土壤环境安全得到保障。加强土壤污染源头防控,确保农用地、建设用地安全利用。探索土壤污染防治工作路径,出台《天津市土壤污染防治工作方案》《净土保卫战三年作战计划》等文件,对土壤污染防治工作进行总体规划和部署,全市16个区制定土壤污染防治工作方案,确保国家下达和全市确定的土壤污染防治任务落地见效。同时,制定颁布《天津市土壤污染防治条例》,织严织密天津市土壤环境管理的法制体系。发布暂不开发利用污染地块、土壤重点监管企业自行监测、周边监测、隐患排查及修复方案备案等一系列技术规范,填补了土壤环境管理制度空白。建立工作联动机制,在建设用地准入、农用地分类管理、污染源头防控、污染治理修复等方面,做到分兵把守、强化监管。加强农用地分类管理和利用,深入开展农用地周边涉重金属行业企业排查整治,受污染耕地安全利用率达到93%左右。加强用地准入管理,动态调整土壤污染重点监管名录,加强腾退地块风险管控和修复,推动中石化、中海油等绿色化改造试点建设。开展重点化学物质环境信息调查与风险评估,落实新污染物管控措施。推进全域“无废城市”建设,开展“无废细胞”创建工作,推动10个区入选国家试点建设,建立20种场景“无废细胞”评价指标体系。

(三)生态系统多样性稳定性持续性不断提升

一是空间规划布局持续优化。2024年8月,国务院批复同意《天津市国土空间总体规划(2021—2035年)》,系统优化国土空间开发保护格局,构建南北联通的生态系统,统筹实施土壤和地下水污染治理,加强重要湿地、近岸海域生态保护修复,筑牢陆海协同的生态安全格局。高标准建设736平方公里绿色生态屏障区,坚持“宜林则林、宜水则水、宜田则田”策略,全方位实施生态修复、拆迁复绿、造林绿化、环境治理、路网和高标准农田建设等十大工程,依托生态廊道和河湖水系,坚持基本农田不变,加强耕地保护,全面提升耕地质量,形成了林、水、田交织的新景观形态,着力构建“山水林田湖河草”的完善生态系统。一级管控区林木绿化覆盖率达到28%以上,蓝绿空间达到65.6%,陆域自然保护地面积占陆域国土面积比例指标达到8.59%,逐步显现“水丰、绿茂、成林、成片”的生态场景。围绕绿色生态屏障重点片区发展生态观光旅游,打造生态主题精品旅游线路,为广大市民提供休闲度假新去处。

二是生态修复工程加快实施。2023年以来,天津实施六大生态修复重点工程,系统开展山水林田湖草一体化修复,不断提高生态稳定性和生物多样性。开展河湖湿地生态修复工程,实施河湖湿地生态补水、水系连通工程、重要湿地生态修复工程、重要河流水系生态修复,全面提升水质,改善河湖生态环境,修复受损河湖岸线,增强河湖湿地生态功能。全面加强七里海、大黄堡、北大港、团泊875平方公里湿地自然保护区保护修复工作。完成“1+4”规划确定的土地流转、生态移民、湿地修复等各项规划任务,打造国家湿地保护与修复典范,湿地保护率保持50%以上,推动湿地生态系统明显向好。实施北部山区生态修复工程,开展森林和水库湿地两大生态系统修复,提高森林生态系统完整性,促进生物多样性保护和水源涵养等生态功能提升,筑牢北部生态屏障。对天然疏林地采取补植补造、引针入阔等措施,逐步构建以森林资源调查为基础、以天然林监测站点为主体、以其他生态监测为补充的天然林保护修复监测体系。开展平原森林提质增效工程,通过实施新造林、外水引入、农田治理、水体修复等修复工程,建设“林、田、水、草”相互融合的立体生态结构。

三是海洋生态修复工程持续推进。天津以美丽海湾建设为统领,强化海洋生态保护修复,推动实施中新天津生态城临海新城北堤、临港保税区中港池北部岸线、南港工业区东部生态廊道等16个重点生态修复工程,提升岸线生态功能,拓展生态空间。打造东部国际蓝色海湾带方面,加强海岸带分类管控,对历史围填海遗留区域进行科学规划,引导绿色环保等符合国家产业政策的项目消化存量资源。实施“蓝色海湾”整治修复，推进生态廊道、岸线岸滩修复、滨海湿地修复和生态扩容等工程，修复岸线长度达23公里，修复滨海湿地面积达1180公顷。加强海洋生物资源和生态系统保护，划定540公顷遗鸥生态保育区，投放人工鱼礁，促进大神堂牡蛎礁群生境恢复；开展渔业资源调查和规模性增殖放流，每年向渤海湾投放各类苗种超10亿单位。

四是城市园林绿色建设加快推进。天津坚持绿色理念，积极推进城市绿化建设，印发《天津市关于进一步加强城市树木保护的工作方案》等文件，将全面建立城市树木保护体系，统筹协调规划、建设、管理三大环节，形成增补一般树木、精心养护管理大树、复壮古树名木、储备古树后备资源的全方位、多层次保护，为美丽宜居天津建设奠定坚实的生态基础。发挥园林绿化释氧固碳的作用，着力打造健康城市环境，持续提升城市生态绿化品质。持续推进“一环十一园”“植物园链”建设，着力构建城市公园体系和连通中心城区内外的生态廊道网络。充分利用边角地、闲置地、现状绿地开展“口袋公园”建设，新建提升“口袋公园”300个以上，为市民提供更多的休闲游憩场所。

（四）绿色转型发展再上新台阶

一是产业结构不断优化。大力实施绿色制造工程，加快构建绿色制造体系，支持引导企业实施绿色升级改造，持续打造绿色制造标杆，完善国家、市、区三级培育和动态服务机制，加快推进人工智能、物联网、云计算等新一代信息技术在绿色制造领域的应用，培育一批新能源、新能源汽车、绿色环保等主题园区、绿色园区等，加快推动绿色低碳产业集聚发展。着力构建现代化产业体系，加快培育以智能科技为引领、优势产业为支撑、战略性新兴产业为重点的“1+3+4”现代化产业体系，推动制造业高端化、智能化、绿色化发展。2024年上半年，12条重点产业链在链规模以上工业企业增加值占比达到82.7%，其中，信创、航空航天、车联网产业链增加值分别增长29.5%、25.8%和20.0%；规模以上高技术制造业增加值增长7.5%，快于全市规上工业3.1个百分点。新产品产销增长较快，2024年上半年，集成电路、服务器产量分别增长9.8%和35.3%，新能源汽车、智能家用电器和音像器材零售额分别增长

13.8%和44.4%。新产业投资持续增加,战略性新兴产业投资、高技术产业投资分别增长10.5%和9.8%,分别快于全市投资5.5个百分点和4.8个百分点。

二是能源转型稳步推进。天津持续推动煤电机组改造升级,累计完成节能改造391万千瓦、灵活性改造497万千瓦。持续推动可再生能源开发利用,滨海新区百万千瓦级"盐光互补"项目建成投产,天津首个海上风电项目完成核准,2024年全市可再生能源电力装机规模达到800万千瓦,是2020年的2.8倍。持续推动绿电交易,成立国内首家省级绿电绿证服务中心,2024年上半年完成绿证交易5.47万张,对应绿电0.547亿千瓦时,有力支持了天津新能源消纳和新型电力系统建设。优化完善节能目标调控方式,落实原料用能和非化石能源不纳入能耗双控政策。建立"两高"项目管理台账,实行分类处置、动态监控,对新建高耗能项目和重点领域实施"全覆盖"专项节能监察。扣减原料用能和可再生能源后,2024年上半年,天津能源消费量下降0.2%,万元GDP能耗下降4.9%,超额完成"十四五"节能进度目标。

三是资源循环利用深入推进。2024年6月,印发《天津市加快废弃物循环利用体系建设实施方案》,明确通过实施四大行动,建成覆盖全面、运转高效、规范有序的废弃物循环利用体系,充分挖掘各类废弃物资源价值。已有30家企业入选国家再生资源综合利用规范条件企业,形成废钢铁、废塑料、废旧动力电池回收利用加工能力分别达到1000万吨、22万吨、1.8万吨,循环利用"静脉产业"不断壮大,天津主要工业固废综合利用率连续多年保持在98%以上,钢渣、粉煤灰等大宗工业固废实现100%资源化利用。子牙经济开发区作为全国第一家以循环经济为主导产业的国家级经济开发区,在推进资源循环利用产业集聚发展上快速"破题",按照"市场为主、政府引导"的原则,打通"回收+换新"全链条堵点,构建循环利用回收体系。在完善报废车拆解体系方面,推广"互联网+上门回收"、上门取车等服务形式,推动爱玛电动自行车与美团、饿了么、共享单车等平台对接开展集中采购,打通电动自行车生产端、销售端、用户端、回收端和拆解利用端,推动电动自行车全链条安全治理。在完善废旧家电回收体系方面,支持家电销售企业联合生产企业、回收企业开展以旧换新促销活动,宣传推广“T 回收平台”“明珠绿环”等线上平台,持续开展家电下乡“以旧换新”进社区等活动,提供家电收旧、送新、拆装“一站式”服务,积极申报再生资源回收典型城市和典型企业。

(五)绿色低碳支撑体系持续完善

一是“两山”转化步伐加快。2022 年 4 月,印发实施《天津市建立健全生态产品价值实现机制实施方案》,在蓟州区、宁河区等区以及“871”重大生态工程建设涉及区域开展生态产品价值实现机制试点,因地制宜探索多种形式的生态产品价值实现路径,重点在生态产品价值核算、供需精准对接、可持续经营开发、生态资源权益交易等方面展开实践。充分发挥蓟州区和西青区王稳庄镇、辛口镇“绿水青山就是金山银山”实践创新基地示范带动作用,打造一批生态产品价值实现机制示范基地。基本完成重点区域自然资源确权登记,完成海洋生态系统生态产品总值试算。打造特色生态旅游线路 53 条,2024 年上半年,全市接待国内游客 1.3 亿人次、人均消费 987.6 元,分别增长 18.5% 和 7.9%;接待国际邮轮 49 艘次、出入境游客 16.8 万人次,稳居全国第二、北方第一。

二是绿色金融创新发展。截至 2024 年 6 月,绿色贷款余额已达 6563.82 亿元。绿色金融产品创新方面,天津结合在租赁、基金、保理等供应链金融领域的全国领先优势,形成了金融资源、要素、门类的组合叠加效应,陆续落地的全国或全市首创性绿色金融产品超过 20 个,如落地全国首单“双质押登记”碳配额贷款、全国首单租赁企业可持续发展挂钩债券、全国首笔“蓝色债券”、全国首单“碳中和”资产支持票据等。加大绿色债券发行力度,2024 年上半年共发行绿色债券 13 只,发行规模 49.52 亿元。绿色租赁创新发展方面,东疆综合保税区制定出台了全国首个融资租赁绿色评价机制,落地全国首笔标准化绿色租赁业务,该评价机制入选国家服务业扩大开放综合试点示范建设最佳实践案例和全国优秀信用案例。截至 2024 年 6 月,租赁公司服务绿色产业的租赁业务余额近 5000 亿元,绿色租赁资产占比超 20%,12 家租赁机构开展的

30 笔融资租赁业务通过绿色融资租赁项目认定。

三是绿色技术创新活力焕发。天津加快关键技术研发,推进绿色低碳科技自立自强,将绿色转型相关技术作为国家重点研发计划相关重点专项的重要支持方向,聚焦能源绿色低碳转型、低碳零碳工艺流程再造、新型电力系统、二氧化碳捕集利用与封存、资源节约集约与循环利用、新污染物治理等领域,统筹强化关键核心技术攻关。组织实施“碳达峰碳中和科技重大专项”,聚焦能源、负碳、应用示范和未来示范四个方向,公开征集技术需求。支持开展“碳计量监测设备和校准设备的研制与应用”“高强钢筋再生混凝土全装配式桥梁结构体系研发与减碳评估”等核心技术攻关。2024 年以来,在全市范围内遴选推广了 30 项绿色低碳技术。开展创新示范推广,发挥创新对绿色转型的关键引领作用。开展多层次试点,推进工业、能源、交通运输、城乡建设、农业等重点领域减污降碳协同增效。实施绿色低碳先进技术示范工程,加快先进适用技术示范应用和推广。完善绿色低碳技术评估、交易体系和科技创新服务平台,探索有利于绿色低碳新产业新业态发展的商业模式,加强绿色低碳技术知识产权创造、保护、运用,激发全社会创新活力。

二　天津生态文明建设面临的新形势新要求

(一)国内外绿色发展形势研判

从国际看,世界各国对能源安全、环境问题和全球气候变化高度关注,以应对气候变化为主要内容的国际环境谈判不仅是环境事务,更是各国争取发展空间和选择发展道路的关键指引。在此背景下,发达国家纷纷出台促进绿色发展战略拉动经济增长;立足资源优势,新兴市场国家也将绿色发展作为转型升级的必由之路,国际社会普遍达成共识——绿色发展和绿色经济是未来发展方向。与此同时,一些国家推动经济脱钩,绿色贸易壁垒持续加力升级,国际格局复杂演变,地缘政治冲突频发,外部环境复杂性、严峻性、不确定性持续上升,各类风险挑战交织叠加,为全球绿色低碳转型及可持续发展带来持续冲击和诸多挑战。在此背景下,天津要抢抓国际局势变化中的“新机”,加速培育和发展绿色新质生产力,积极构建智能化、绿色化、融合化的现代化产业体系,加快形成绿色新型生产关系,支撑高质量发展与高水平保护,为塑造人与自然和谐共生新格局和构建地球生命共同体注入新动能。

从国内看,党的二十大报告指出,人与自然和谐共生是中国式现代化的重要特征和本质要求之一。党的二十届三中全会将“聚焦建设美丽中国”作为改革任务“七个聚焦”之一,并从完善生态文明基础制度、健全生态环境治理体系、健全绿色低碳发展机制三个方面对深化生态文明体制改革作出系统部署。全面推进美丽中国建设更为加快建设人与自然和谐共生的现代化提供了具体纲领和行动指南。从区域层面看,京津冀三地将环境保护作为京津冀协同发展的重要突破口,十年来生态协同治理成效显著。习近平总书记在京津冀协同发展座谈会上对深入推进京津冀协同发展作出明确部署,提出“努力使京津冀成为中国式现代化建设的先行区、示范区”,为在新征程上落实好重大区域发展战略提供了思想指引和行动指南。与此同时,我们也要深刻认识到,当前国内能源结构偏煤、产业结构偏重、环境约束偏紧等问题依然存在,前沿绿色低碳科技突破仍有难度,绿色发展要素支撑尚待加力,绿色产品和服务供需衔接不够顺畅等挑战仍然存在。新时代新征程,天津要抢抓国内政策调整中的“先机”,以推进京津冀协同发展为战略牵引,扎实推动全领域转型、全方位提升、全地域建设、全社会行动,以高品质生态环境支撑高质量发展,加快建设人与自然和谐共生的美丽天津,与京冀合力建设美丽中国先行区。

(二)天津生态文明建设面临的新要求

1. 绿色生产生活方式尚未根本形成

天津产业结构偏重、能源结构偏煤、交通运输结构偏公路的结构特征尚未发生根本性转变,居民消费碳排放量依然较大,绿色生产生活方式尚未根本形成。一是对传统产业依赖度较高,电力、钢铁、石化化工等行业能耗占比较高,部分行业能耗偏高、污染强度偏大,绿色制造单位数量较少,与一些领先地区相比仍有差距,传统产业绿色化转型步伐仍待提速。二是信创产业、高端装备、生物医药等战略性新兴产业的企业数量、产业规模和技术水平仍有待提升，尚未形成强大的产业集群和规模效应。人工智能、生物制造、生命科学等未来产业布局仍需加速，具有辐射带动能力的龙头或“链主”企业数量仍有待提升，尚未成为天津经济增长的主导力量。三是能源结构优化调整仍需加速，能源结构仍以煤炭消费为主，风电、光伏发电、水电等可再生能源开发利用规模较小，资源分布不均与消纳难题依然存在，电网接入与调度面临较大挑战，土地资源、水资源等短缺在一定程度上限制了光伏、水电的发展，可再生能源开发利用发展潜力有待进一步激发。四是全社会绿色消费及绿色生活方式尚未形成，居民绿色意识有待增强，绿色消费习惯尚未得到广泛普及，绿色生活方式尚未有效形成。

2. 绿色新质生产力培育亟须提质提速

新质生产力以创新为主导，是摆脱传统经济增长方式、生产力发展路径、符合新发展理念的先进生产力质态。绿色发展是高质量发展的底色，新质生产力本身就是绿色生产力。在绿色新质生产力的培育上，天津仍需加强原始创新和核心技术的研发，科技创新水平与国际先进水平相比仍有一定差距，特别是在绿色技术、清洁能源等领域，亟待加大研发力度，提升自主创新能力。创新平台培育仍需进一步加强，高新技术企业数量和专精特新“小巨人”企业数量仍需增加，规模以上工业企业的研发强度和研发活力相较先进地区仍需进一步激发。科技成果转化是绿色新质生产力形成的关键环节，在科技成果转化方面存在转化效率不高、转化机制不完善等问题，亟待建立更加完善的科技成果转化机制，加强产学研合作，推动科技成果的产业化应用。绿色新质生产力支撑机制有待健全，绿色金融产品和服务种类较少，难以满足绿色新质生产力发展的多元化需求，绿色政策引导机制需进一步优化，政策执行力度仍需加强、政策效果评估机制仍需完善；数字经济与绿色发展融合深度仍需加强，在网络基础设施、数据中心等数字经济基础设施建设方面仍需加力，数字技术在绿色新质生产力领域的应用和推广仍需加强。

3. 经济发展和环境保护统筹力度仍需加码

习近平总书记在全国生态环境保护大会上强调，要正确处理高质量发展和高水平保护的关系,充分认识到高质量发展是高水平保护的前提,高水平保护是高质量发展的重要支撑。当前,天津经济发展和环境保护的统筹力度仍需加码,产业生态化和生态产业化步伐仍需加快。产业生态化方面,新能源、节能设备制造、节能环保服务等新兴绿色低碳产业发展尚不充分,产业规模仍需壮大。生态产业化方面,天津生态产品价值转化机制有待健全,主要表现为生态产权界定不清、价值核算机制不完善、生态产品供需双方精准对接机制不健全、供给侧生态产品品牌化程度低、需求侧市场需求不足等。生态产业发展还不够充分,生态产业规模较小、生态产业链条延伸不足、价值链上下游增值空间较窄、"叠加态"的文化生态产品较少,完整的生态产业链和产业集群尚未形成,生态产品价值转化路径亟待畅通。

4. 全面绿色转型的市场化动力仍需释放

充分发挥市场在资源配置中的决定性作用,提高资源配置效率,进一步释放经济活力,既是实践发展的客观要求,也是实现经济社会高质量发展的必由之路。当前,天津资源环境要素市场建设仍需推进,市场化配置体系仍需健全。一方面,排污权、用能权、用水权、排污权等重要资源环境要素交易机制尚未实现市场化、规模化,目前尚处于积极推动及探索阶段,碳排放权交易、自愿减排交易、绿色电力证书交易等领域的交易制度和技术规范也需进一步健全。另一方面,绿色新技术和新产品所需的市场应用场景仍有待拓展,绿色低碳技术相关知识产权创造、保护和运用仍需加强,绿色低碳技术从"走出实验室"到"走向市场化"仍需加速,绿色低碳导向的新产业、新业态、新商业模式创新不足,合同能源管理、合同节水管理、环境污染第三方治理等模式和以环境治理效果为导向的环境托管服务发展创新不足,市场化下的环境托管服务仍需进一步发展。

三　进一步深化推进美丽天津建设的规律性认识

我国经济社会发展已进入加快绿色化、低碳化的高质量发展阶段。生态文明建设进入以降碳为重点战略方向、推动减污降碳协同增效、促进经济社会发展全面绿色转型、实现生态环境质量改善由量变到质变的关键时期。加快经济社会发展全面绿色转型涉及经济社会发展的方方面面，必须坚持以全局观念和系统思维谋划推进，推动各领域各方面改革举措同向发力、形成合力，加快推动形成绿色低碳的生产方式和生活方式。

（一）处理好高质量发展和高水平保护的关系

高质量发展和高水平保护是相辅相成、相得益彰的辩证统一关系。高质量发展是体现新发展理念的发展，是绿色成为普遍形态的发展，高质量发展能够为高水平保护创造条件。高水平保护是高质量发展的重要支撑，通过高水平保护能够有效改善生态环境质量，为高质量发展提供良好的环境保障和优质的生态产品，绿色低碳的高质量发展只有依靠高水平保护才能实现。加快经济社会发展全面绿色转型，要深刻把握高质量发展和高水平保护的辩证统一关系，紧紧围绕高质量发展这一首要任务，充分发挥生态环境保护引领、优化和倒逼作用，不断塑造发展的新动能、新优势，着力构建绿色低碳循环经济体系，有效降低发展的资源环境代价，持续增强发展的潜力和后劲。

（二）处理好整体推进和重点突破的关系

推动绿色低碳发展是一项复杂的系统工程，要加强整体谋划和系统布局，强化经济社会全面绿色转型的目标协同、部门协同、区域协同、政策协同，不断增强各项工作的系统性、整体性、协同性。要把绿色转型要求融入经济社会发展全局，加快形成节约资源和保护环境的空间格局、产业结构、生产方式、生活方式，全方位、全领域、全地域推进绿色低碳高质量发展。要坚持统筹推进与重点突破相结合，做到全局和局部相配套、治本和治标相结合、渐进和突破相衔接，在整体推进中实现重点突破，以重点突破带动经济社会绿色水平整体跃升。要考虑不同地区、不同行业所处的发展阶段、资源禀赋，做好各领域间的统筹协调、领域内的步调一致。

(三)处理好外部约束和内生动力的关系

经济社会发展全面绿色转型既需要制度提供的外部约束,也需要理念支撑的内生动力。习近平总书记强调,必须始终坚持用最严格制度最严密法治保护生态环境,保持常态化外部压力,同时要激发起全社会共同呵护生态环境的内生动力。良好生态环境是最公平的公共产品,要发挥这一公共产品的最大效用,既要不断完善生态环境保护法律制度,着力把制度优势更好转化为治理效能,又要不断创新体制机制,坚定不移通过形成市场机制、社会机制为统筹实现高质量发展和绿色发展提供内生动力。提高全社会绿色生产和绿色生活的主动性,积极营造全社会绿色低碳的消费氛围,让推动绿色低碳发展、建设美丽中国成为全体人民的自觉行动。

(四)处理好发展和安全的关系

我国发展进入战略机遇和风险挑战并存、不确定因素增多的时期,需要应对的风险挑战、防范化解的矛盾问题比以往更加严峻复杂。实现经济社会发展全面绿色转型,涉及能源结构、工业结构、交通结构、生产生活方式等各领域各方面,转型过程中难免存在技术、经济、社会等多方面风险。习近平总书记指出:“推动创新发展、协调发展、绿色发展、开放发展、共享发展,前提都是国家安全、社会稳定。没有安全和稳定,一切都无从谈起。”要在日趋激烈的国际竞争中赢得战略主动,必须在经济社会发展全面绿色转型中更多考虑安全因素,妥善防范和化解绿色转型面临的内外部风险挑战,实现高质量发展和高水平安全的良性互动。

四　全面推进美丽天津建设的实施路径

全面推进美丽天津建设涉及经济社会发展的方方面面,需要各领域统筹协调推进,各方力量协同发力,加快形成绿色低碳的生产方式和生活方式,为建设人与自然和谐共生的现代化提供重要支撑。

（一）加快推进经济社会发展全面绿色转型

建立健全绿色低碳循环发展经济体系，促进经济社会发展全面绿色转型，是实现经济社会高质量发展的关键环节。推进美丽天津建设，要深入推进重点领域绿色低碳转型，促进资源节约集约高效循环利用，全面夯实美丽天津建设的底盘。

1. 推进重点领域绿色低碳转型

一是推进产业绿色低碳转型。以制造业高端化、智能化、绿色化发展为目标，坚决遏制“两高一低”项目盲目上马，完善钢铁、石化化工、建材等行业中落后产能的退出机制，加快传统优势产业工艺、技术、装备升级，全面推进清洁生产；积极开展“节能低碳示范”“零碳示范”和“绿色制造示范”创建工作和绿色制造专项行动，发挥绿色工厂（园区）和绿色供应链管理企业的示范带头作用，探索创建低碳和零碳工厂。依托中心生态城绿色低碳技术创新平台，开展绿色低碳技术成果交流和推广，推动新一代信息技术、生物技术、新能源、新材料等战略性新兴产业、高技术产业发展，不断提升绿色低碳产业在经济总量中的比重。

二是推进能源绿色低碳转型。加强化石能源清洁高效利用和清洁能源的源头替代，发展分布式能源、能源互联网、安全储能等技术，推进冷能综合利用示范基地建设，打造南港、南疆冷能利用示范园区，确保非化石能源安全可靠有序替代化石能源；积极探索跨省购入绿电模式，加强同内蒙古、新疆、山西等地风电、光伏发电等企业合作，优化绿色能源供应布局；推动绿电市场化交易，通过绿电交易凭证与碳减排量挂钩提升企业采购绿电的积极性，督促发电企业和电网企业解决消纳问题，从而平衡绿电市场供需。

三是推进交通运输绿色低碳转型。构建绿色高效交通运输体系，着力打造世界一流智慧绿色枢纽港口升级版，推广全球首座智慧零碳码头，建设绿色低碳算力中心，以更新科技建设数字孪生天津港，培育和发展港口绿色生产力。依托天津港至北京集装箱氢能零碳运输线路试点项目，布局氢能源运输车辆，建设直达山西、内蒙古等地的“双重运输”零排放货运通道，探索和推广清洁运输方式。加快铁路专用线建设,推进铁路专用线进园区、进港区、进产业功能区,加快发展多式联运,发挥不同运输方式的比较优势和组合效率。推动超低和近零排放车辆规模化运用,提升大宗货物清洁化运输水平,深入开展重型柴油货车新能源替代,加强城市公共服务车辆新能源化推广应用,加快充换电站建设,拓展应用场景,培育壮大新能源汽车产业链。

2. 促进资源节约集约高效循环利用

抓住资源节约集约利用这个源头,推进资源总量管理、科学配置、全面节约、循环利用。一是以大规模设备更新和消费品以旧换新为契机,以中国资源循环集团为重要抓手,探索废旧资源回收再利用新模式,构建完善废弃物循环利用体系,依托中国资源循环集团的带动能力,培育一批再生资源回收示范企业和资源循环利用骨干企业,打造区域性、功能性的资源回收再利用平台,引领行业规范有序发展。二是支持子牙经济技术开发区发挥既有优势,大力发展再生资源回收初加工、有色金属深加工、报废汽车拆解、废旧产品装备维修再制造等产业,积极打造立足天津、辐射京津冀及周边地区的废弃物市场流通枢纽和加工利用产业基地。三是推动再生资源加工利用企业聚集化、规模化发展,推进垃圾分类回收与再生资源回收"两网融合",建立一批集中分拣中心,有序推动废旧家电、报废汽车、废铅蓄电池等拆解处理与再生资源精深加工产业集群发展。

(二)持续深入打好污染防治攻坚战

注重生态环境治理的系统性、整体性、协同性,立足精准管控、差异管控,突出新思路、新方法、新举措,深入持续推进污染防治攻坚战,提升生态系统稳定性和服务功能,牢牢守住自然生态安全底线。

一是持续深入打好蓝天保卫战。推动完善京津冀生态环境联防联建联治,以 $PM_{2.5}$控制为主线,强化源头管控、多污染物协同控制和区域污染协同治理,因地制宜推进清洁取暖,高质量推进钢铁、水泥、焦化行业超低排放改造。开展氮氧化物减排专项行动,优化车辆结构,大力推广新能源汽车,逐步淘汰老旧内燃机车,完成老旧机动车船、非道路移动机械更新换代。

二是持续深入打好碧水保卫战。兼顾水环境改善和水生态提升，采用技术手段提升湖泊生态系统韧性、丰富生物多样性。同步推进污水收集处理设施建设、农业面源污染治理、水生态调查评估，各区相关部门统筹水资源、水环境、水生态治理，深入推进海河、七里海等重点河湖治理，加强水生态修复与开发，深入推进重点海域综合治理攻坚，强化入海河流污染管控，推进渤海湾近岸海域综合治理，持续深入打好碧水保卫战。

三是持续深入打好净土保卫战。坚持预防为主，风险管控，水土共治，实施土壤污染源头防控行动，建立多部门联动机制，有序推进土壤污染状况调查、污染风险管控和修复等。整区推进土壤污染源排查整治，针对不同污染源分类施策，有效保障受污染用地和重点建设用地的安全利用。强化固体废物和新污染物治理，推动固体废物和新污染物的集中化、一体化和规范化治理。加强综合性系统性治理，建设区域性特殊危险废物集中处理中心，大力减少固危废物、新污染物产生量和危害性。

（三）提升生态系统多样性、稳定性、持续性

坚持山水林田湖草沙一体化保护和系统治理，多层次提升生态系统多样性、稳定性、持续性，增加生态产品供给，牢牢守住自然生态安全底线。一是筑牢生态屏障，加大生态系统保护力度。筑牢"三区两带中屏障"生态安全格局，构筑市域"七廊五湖四湿地"水系生态网络，深入实施重大生态修复工程，加强各湿地自然保护区保护和修复。实施"蓝色海湾"整治修复，巩固退围还滩还海成果。二是全面加强生态保护修复监管。注重生态保护修复统一监管工作各个环节的系统性、整体性和协调性，建立多层次的生态环境监测评估体系，为生态保护修复工作提供依据。明确生态保护修复工作中的跨部门协作机制和信息共享机制，加强部门之间的沟通和协作，持续开展"绿盾"专项行动，提高监管效率和监管水平。三是保护生物多样性。以生物多样性保护优先区、自然保护地、生态保护红线等重要生态空间为重点，开展生物多样性调查观测，建立指示生物监测和综合监测相结合的生物多样性长期观测体系。完善生物多样性保护部门联席会议工作机制，建立"林长＋河湖长＋志愿者"联动

模式,实现生态重点领域全链条、网格化、全覆盖管护,形成生物多样性保护工作合力。实施生物多样性保护重大工程,努力打造生物多样性保护格局。

(四)拓宽绿水青山向金山银山转化路径

一是系统整合分散于涉农区的农产品和乡村旅游资源,打造培育一批具有浓郁海渔风情的特色村庄,培育提升乡村康养基地、乡村自驾营地、农业嘉年华等业态,打造传统村落、山水村镇、度假民宿等品牌,壮大全品类生态产品市场,推动生态农业、生态工业、生态文旅、生态康养等绿色产业发展。二是统筹重点生态功能区、生态保护红线、自然保护地、绿色屏障区和大运河等各类生态功能重要区域,创新生态功能重要区域综合补偿模式,探索森林、湿地、水流等重要生态环境要素跨区域补偿机制建设。推动生态补偿制度有效衔接自然资源资产产权制度、排污许可制度和融资管理制度,以及绿色产品评价标准、绿色产品认证及标识体系等地理标志保护制度。三是创新绿色金融产品和服务方式,拓展节能环保、生态旅游等生态环境保护与生态产品价值实现领域的金融产品和服务。丰富金融抵押物种类和形式,开发“生态资产权益抵押+项目贷”,创新生态资产权益和生态信用复合抵押信贷模式。拓展碳排放权、经营权流转证、产品订单等权益类抵质押品范围。

(五)加快形成绿色低碳生活方式

牢固树立绿色低碳生活理念,积极倡导绿色低碳的生产方式和生活方式,营造全社会绿色低碳发展良好氛围,形成全社会共建共治共享的强大合力。一是积极培育弘扬生态文化。强化生态文化宣传教育,持续开展世界环境日、全国低碳日、全国生态日等生态文明相关主题宣传,广泛普及绿色低碳发展思想理念、法律法规、科学知识,提高公众生态环境意识和行为的自觉性,激发全民参与美丽天津建设的积极性和主动性。二是完善绿色消费激励机制。加快推进碳普惠制度及管理机制建设,打通碳普惠减排量与碳市场之间的互通瓶颈,围绕居民衣食住行等方面开展节能降碳普惠行动,研究建立碳积分、个人碳账户等体系,实行居民节能降碳激励机制。三是激发绿色消费增长潜力。

探索建立绿色消费激励机制，依托新一轮消费品以旧换新，促进大宗消费、服务消费、农村消费等各消费领域潜力释放，推动绿色智能家电、绿色建材下乡，增加“绿色+”消费等新型消费的市场供给。

参考文献：

［1］李揽月：《天津：推动绿色低碳发展成效显著》，《中国改革报》2024年8月25日，第4版。

［2］陈璠：《协同推进降碳、减污、扩绿、增长》，《天津日报》2024年8月14日，第1版。

［3］陈璠：《促进“绿水青山”向“金山银山”转化》，《天津日报》2024年6月6日，第2版。

［4］《中共中央 国务院印发关于加快经济社会发展全面绿色转型的意见》，中华人民共和国中央人民政府网，2024年8月11日，https://www.gov.cn/zhengce/202408/content_6967663.htm。

天津减污降碳协同推进路径研究报告

张　宁　天津市生态环境科学研究院应对气候变化研究中心高级工程师
郭洋琳　天津环科环境规划科技发展有限公司工程师

摘　要： “十四五”时期，我国生态文明建设进入了以降碳为重点战略方向、推动减污降碳协同增效、促进经济社会发展全面绿色转型的关键时期。天津以组织实施“绿色低碳发展行动”作为全面贯彻新发展理念和习近平生态文明思想的实践指南，体系化推进发展方式绿色转型、污染治理、生态保护修复、碳达峰碳中和、体制机制创新等各方面工作。为加快推进人与自然和谐共生的美丽天津建设，天津应强化环境治理制度建设，不断健全推进绿色低碳场景建设管理机制；以美丽中国先行区建设为牵引，持续深入打好蓝天、碧水、净土保卫战；以京津冀环境科技重大专项为契机，强化生态环境协同治理研究，推动数字技术赋能生态环境治理，推进绿色低碳科技创新能力上水平；以碳中和目标为远景，拓宽“绿水青山”转化“金山银山”路径，强化生态产业融合，培育“生态＋”新型业态，探索实现生态环境高水平保护和碳排放高水平达峰的减污降碳协同推进“天津路径”。

关键词： 减污降碳　协同　路径研究

党的二十届三中全会提出，要协同推进降碳、减污、扩绿、增长，健全绿色低碳发展机制。减污是通过精准治污、科学治污、依法治污，持续改善生态环境质量；降碳是通过结构调整、节约集约、技术创新，减少温室气体的排放，实现绿色低碳高质量发展。由于减污和降碳的同根同源性，其治理过程具有很强的协同效应。因此，面对经济社会高质量发展、空气质量改善与碳达峰、碳中和的多重目标需求，探索构建减污降碳协同治理方案，健全绿色低碳发展机制，对实现美丽中国建设具有重要意义。

一　天津减污降碳协同推进的治理成效

天津坚持贯彻新发展理念和习近平生态文明思想，深入践行绿色发展理念，精心组织实施“十项行动”之“绿色低碳发展行动”，体系化推进发展方式绿色转型、污染治理、生态保护修复、碳达峰碳中和、体制机制创新等工作，加快形成节约资源和保护环境的空间格局、产业结构、生产方式、生活方式，加快建设人与自然和谐共生的美丽天津。

（一）推进顶层设计，协同综合施策加速绿色转型

天津深刻认识到推进绿色低碳发展对推动高质量发展、建设美丽天津、增加人民群众幸福感获得感的重大意义。2023 年 6 月，发布《天津市绿色低碳发展行动方案》。方案确定了未来五年绿色低碳发展目标，提出加快发展方式绿色转型、深入开展污染治理、加快实施生态保护修复、积极稳妥推进碳达峰碳中和与建立健全政策机制等全面推进绿色低碳发展的五项举措，以及组织领导、法治基础、政策措施、细化责任、公众参与五项保障措施。同时，配套制定重点任务清单，同步谋划绿色低碳发展重点项目，明确 108 项五年重点工作安排，通过实实在在的具体事项、工作和项目，确保目标可达、措施可落、成效可见。2023 年 9 月，印发实施《天津市持续深入打好污染防治攻坚战三年行动方案》，聚焦蓝天、碧水、净土保卫战三方面 13 项重点任务，以更高站位、更宽视野、更大力度持续深入打好污染防治攻坚战。2024 年 10 月，印发实施《关于全

面推进美丽天津建设的实施意见》,围绕持续深入打好污染防治攻坚战、着力提升生态系统多样性稳定性持续性等29方面,对美丽天津建设进行了全面系统部署。多项顶层设计文件颁布实施,为协同综合施策加速绿色转型提供政策保障。

2022年12月,市生态环境局等六部门联合印发《天津市减污降碳协同增效实施方案》,落实推进减污降碳协同创新各项任务行动。方案坚持系统布局、突出源头防控、加强全市统筹,结合深入打好污染防治攻坚战各项工作,推进降碳、减污、扩绿、增长协同联动,以生态环境高水平保护推动天津高质量绿色发展。方案结合天津实际,系统谋划能源、工业、交通运输、城乡建设、农业农村五大领域减污降碳协同增效行动,加快推进产业、能源、交通运输和用地结构调整和绿色转型升级,以碳达峰行动进一步巩固和深化生态环境治理成效,创造高品质生活。此外,方案支持鼓励绿色低碳共性技术研发应用,在大气、水、土壤等重点方向,以降碳为重点设计各要素攻坚路径,提升科技成果转化力度;充分运用环境经济政策和市场化手段,构建减污降碳一体谋划、一体部署、一体推进、一体考核的制度机制,提升减污降碳协同治理综合效能。

(二)减污降碳协同推进,环境治理成效显著

在结构调整方面,天津坚持用"绿色系数"考核"一基地三区"定位推进成效,美丽天津建设实现提速升级。一方面,做大增量:深入实施制造业强市战略,聚焦新一代信息技术、高端装备制造等工业战略性新兴产业重点领域,将服务好12条产业链作为加快工业战略性新兴产业发展的关键抓手,继续组织形式多样的专题对接活动,搭建供需直接交流平台,提升发展能级,壮大新动能底盘。2024年上半年,全市工业战略性新兴产业(含智能制造)增加值占规模以上工业比重达30.1%。另一方面,做强存量:加快推进传统产业低碳化绿色化改造,持续构建绿色制造体系,指导建立区级绿色制造单位库,完善"区、市、国家"梯次培育工作机制。组织开展年度市级绿色制造单位评选工作,新增市级绿色制造单位79家。同时,积极调整运输方式和用能结构,新增更新100部甲醇增程式新能源公交车,新增和更新的新能源出租汽车(含巡游车、

网约车）10790 部，全市轨道交通通车里程突破 300 公里，公交线路优化调整 85 条，便利市民绿色出行。新建建筑全部按照绿色标准执行，新开工装配式建筑面积 650 万平方米，绿色建筑发展水平持续提升。推进绿色农房建设，加快农房节能改造，打造“中国美丽休闲乡村”34 个。

在节约集约方面，天津发挥节能在构建绿色经济体系中的基础性作用，深挖潜力，以节能为牵引，促进投资和消费增长，对新建高耗能项目和重点领域实施“全覆盖”专项节能监察，节能降碳取得实效。2024 年上半年，全市能源消费量下降 0.2%，万元地区生产总值（GDP）能耗下降 4.9%，超额完成“十四五”节能进度目标。推动大规模设备更新和消费品以旧换新，全面加快废弃物循环利用体系建设和废弃物循环利用。截至 2024 年 7 月，全市已完成设备更新 2.76 万台（套），实现设备投资 166.6 亿元，同比增长 18.31%。全市家电产品销售额达到 54.3 亿元，同比增长 15.6%。500 余家生产制造企业纳入设备更新和消费品以旧换新供给端企业名录库，年产值约 5000 亿元。204 家租赁公司可高效服务企业设备更新工作，资产规模达 1.95 万亿元。

在生态环境建设方面，天津生态环境质量持续改善。2023 年，天津市细颗粒物（$PM_{2.5}$）平均浓度 41 微克/立方米，较 2014 年下降 50.6%；优良天数从 175 天增加到 244 天，重污染天数从 34 天降至 8 天。地表水优良水体比例上升到 60%，劣Ⅴ类水体实现稳定清零，12 条入海河流稳定消劣，城市建成区保持无黑臭水体，实现长治久清，水环境质量达到近年最好水平。近岸海域优良水质比例上升到 70.9%，改善幅度在全国位居前列。污染防治攻坚战见行见效。深入打好蓝天保卫战，“一行一策”确定重点排放行业改造路径，全市 51 台公共和自备煤电机组全部达到燃气排放水平，4 家钢铁企业达到超低排放水平，5 家平板玻璃企业、13 家垃圾焚烧企业对照全国领先的地方标准全面完成升级改造。实施重型汽车国六 b 排放标准，淘汰黄标车、老旧车约 105 万辆。深入打好碧水保卫战，加强饮用水水源地保护，地级及以上集中式饮用水水源地水质达标率保持在 100%；坚持陆海统筹、河海共治，坚持工业、城镇、农业农村“三水共治”，工业园区、农村基本实现污水处理设施全覆盖，完成全市 133 条河流、23 座重点湖库入河排口及 1035 个入海排口排查溯源、分类整治。深入打好净土保卫战，基本完成土壤污染状况详细调查，更新发布建设用地土壤污染风险管控和修复名录，安全利用率连续保持100%。生态系统质量和稳定性逐步提升。2018年天津发布实施生态保护红线划定方案，2020年列入国家生态保护红线监管试点省市。实施“871”重大生态工程，完善生态系统观测监测体系，开展生态质量评价、生态质量监测，生态保护红线、自然保护地人类活动遥感监测，印发《天津市生态保护红线生态破坏问题监管试点工作方案》《国家级自然保护区生态环境问题整改销号的指导意见》实施细则，建立全过程监管机制。完成大神堂、八卦滩区域鸟类调查与观测，开展大黄堡湿地自然保护区、北大港湿地自然保护区和团泊鸟类自然保护区两期生态系统遥感解译。

（三）科技管理创新双轮驱动，支撑绿色低碳项目建设

在科技创新领域，天津实施“碳达峰碳中和科技重大专项”，2024年度聚焦能源、负碳、应用示范和未来示范四个方向，公开征集技术需求。高效低成本绿色制氢系统关键技术研究与示范、LNG冷能综合利用关键技术研究与集成应用、零碳/负碳型生物质气化合成绿色甲醇技术研究与示范应用和新能源废料绿色低碳清洁高效高值化利用关键技术突破等7个项目获得立项支持。批准组建4家创新联合体，聚焦新一代动力电池、新型储能、智能电网和水泥工业低碳负碳技术研发等方面开展联合攻关。引导天津市海洋石油难动用储量开采重点实验室，开展碳捕集、利用与封存等减碳降碳技术攻关。在能源领域，组建创新联合体，围绕智能电网、绿色节能输变电装备、港口源网荷储一体化、海水电解制氢等领域开展技术攻关，5个项目入选国家自然科学基金重点项目。在工业领域，聚焦源头减碳、过程降碳、末端固碳三大技术体系，“168环形炉智能绿色低碳改造项目”等一批技术入选国家《绿色低碳先进技术示范项目清单（第一批）》。

在管理创新领域，生态环境领域改革创新取得新成效。落实环境信息依法披露制度改革，建立企业环境信用体系，1732家企事业单位依法披露环境信息，1500余家企业纳入环境信用体系范围。出台重点污染物排放总量控制管

理办法，创新提出总量指标“先用后补”“跨区调剂”“差异化替代”，以有限的环境容量支撑更大体量、更高质量的经济发展。升级环境“领跑者”制度为绿色发展“领跑者”制度，促进企业高端化、智能化、绿色化转型。深化“放管服”改革，生态环境政务服务事项全部实现“不见面、网上办”，制定重大项目环评审批服务清单，推进产业园区规划环评与建设项目环评联动改革、“打捆”审批，服务重点产业链、高水平项目顺利落地。法治保障更加坚实，建立生态环境部门和公安、检察机关重点案件联合挂牌督办机制。科技支撑更加有力，率先建立 14 类重点管控新污染物监测技术体系。

在金融创新领域，中国人民银行等四部门会同天津市人民政府联合发布《金融支持天津高质量发展的意见》，推动天津金融高质量发展。加大绿色信贷投放力度，截至 2024 年 3 月，全市绿色贷款余额 6392. 8 亿元，同比增长 20. 3%，高于各项贷款增速 15. 3 个百分点。加大绿色债券发行力度，2024 年上半年，全市共发行绿色债券 13 只，发行规模 49. 52 亿元。绿色租赁创新发展，支持东疆综合保税区建设绿色租赁服务流程试行区，推动出台全国首个融资租赁绿色评价机制，落地首笔采信绿色租赁评价机制发放的绿色贷款，探索制定全国首个绿色租赁标准《绿色租赁服务流程》。此外，持续推广绿电（绿证）交易，为市场主体提供绿证交易服务，截至 2024 年 9 月，完成绿证交易 13. 51 万张，对应绿电 1. 351 亿千瓦时，有力支持了天津新能源消纳和新型电力系统建设。

（四）试点示范场景以点带面，绿色低碳建设经验得到有序推广

推进重点区域绿色低碳试点建设有序开展。2024 年初，天津在全市范围内遴选有代表性的区（园区）组织开展碳达峰试点建设，探索不同资源禀赋和发展基础的区（园区）碳达峰路径，为全市提供可操作、可复制、可推广的经验做法。经过层层选拔，河西区、南开区、津南区、宁河区四个区，以及天津经开区、高新区两个园区成为市级碳达峰试点。通过推进试点任务、谋划重点项目、创新政策机制，加快发展方式绿色转型，探索不同资源禀赋、产业结构和发展基础的区（园区）碳达峰路径，梳理总结发展模式，为全市提供可操作、可复

制、可推广的经验做法,打造碳达峰“天津样板”。天津还将根据试点推进情况,择优推荐申报国家级试点城市、园区。

中新天津生态城充分发挥中新合作平台优势,加快推进绿色低碳示范区建设,其万元地区生产总值(GDP)碳排放已达到国际先进水平,被联合国可持续发展大会授予“全球绿色城市”称号。2024 年 8 月,国务院批复《中新天津生态城建设国家绿色发展示范区实施方案(2024—2035 年)》,要求中新天津生态城持续深化中新两国在绿色技术、绿色装备、绿色服务、绿色基础设施、绿色金融等方面的交流合作,打造以绿色低碳高质量发展为主线、以高附加值细分产业为重点、以国际一流营商环境为特征的国家绿色发展示范区,推动绿色发展理念融入中新天津生态城经济社会发展各领域全过程,高标准推动中新天津生态城建设国家绿色发展示范区升级版。

在积极推动减污降碳协同创新领域,天津经济技术开发区入选国家第一批产业园区减污降碳协同创新试点。建设“天津市钢铁工业绿色发展”等 26 个生态环境保护协同创新中心,涵盖钢铁、化工、石化、港口、汽车、生物制药等领域,搭建协同创新载体,开展相关领域减污降碳协同研究,并将研究成果应用于污染防治和应对气候变化工作实践。“汽车制造行业减污降碳协同路径研究示范应用”等 21 个减污降碳新技术新工艺研发示范和推广应用项目纳入储备库,并给予一定的资金支持。此外,京津冀联合发布《碳普惠项目减排量核算技术规范 · 低碳出行》地方标准,以指导个人使用公共汽电车、城市轨道交通、自行车、步行及小微型客车合乘和自愿停驶等活动的碳减排量核算。

与此同时,评选 21 家年度绿色发展“领跑者”企业,选树标杆,激发企业绿色转型动力。开展无废城市创建,建成 518 个“无废细胞”,“无废城市建设”获得全球环境基金 500 万美元支持。持续推进国家生态文明建设示范区和“两山”实践创新基地建设。自 2019 年起,天津市获批国家生态文明建设示范区和“两山”实践创新基地各 5 个,形成了一批全面推进生态文明建设的经验做法,推广了一批“绿水青山就是金山银山”转化模式。子牙河(红桥区)段、中新天津生态城岸段分别获评全国美丽河湖、美丽海湾优秀案例。

二　天津协同减污降碳面临的问题与挑战

（一）结构优化调整与绿色发展协同新动能仍待加强

以重化工为主的产业结构、以煤炭为主的能源结构、以公路运输为主的交通结构没有根本改变，经济社会发展、产业发展、能源结构“高碳依赖”的特征依然明显。能源消费总量持续上升且非化石能源禀赋有限，通过产业和能源结构调整实现全社会节能的空间有限，产业结构的优化只能在工业内部进行。部分重点行业排放强度高、总量大，清洁化、绿色化改造任务艰巨。能源结构调整边际效应递减，总体上能源结构调整潜力不强。清洁能源大规模开发利用面临困难，天然气利用受气源、市场供需和管网覆盖等因素制约，成本高于用户预期，依靠财政补贴难以为继，可再生能源受规划用地、资源条件等制约，不具备大规模开发条件。能源创新发展不足，先进发电和氢能、LNG 冷能等领域起步晚，综合能源、多能互补、梯级利用、储能等先进用能模式发展不充分，引领作用尚未有效发挥。

（二）环境质量改善与绿色发展协同新目标仍待融合

生态环境质量改善仍有差距。大气环境质量仍未摆脱“气象影响型”。天津地处京津冀大气污染防治核心区，区域性复合型的大气污染形势严峻，环境容量有限，环境承载能力不足上海的 1/3。2021 年后，天津环境空气质量改善程度明显降低。2023 年受极端不利气象条件、生产生活排放增加等多重因素影响，环境空气质量有所恶化，$PM_{2.5}$浓度距国家二级标准和美丽中国要求差距较大，详见图 1。水环境质量仍未摆脱“资源短缺型”。天津地处海河流域末梢、渤海湾的“湾底”，承接上游 7 个省市约 70% 的污染物。加上资源型缺水严重，优质生态水严重不足，2023 年，地表水入境水环境质量达到 III 类水体断面占比仅 26.3%，仍有 18.4% 劣 V 类比例（入境水），详见图 2。依靠之前本地污水处理厂提标、水资源循环再生等“自救式”提质方式已面临较大瓶颈。

土壤防治和安全利用工作仍面临较大挑战。污染地块去存量任务艰巨,历史遗留高风险关闭搬迁企业多,污染风险较高,污染地块管控修复难度和安全利用监管压力均较大。

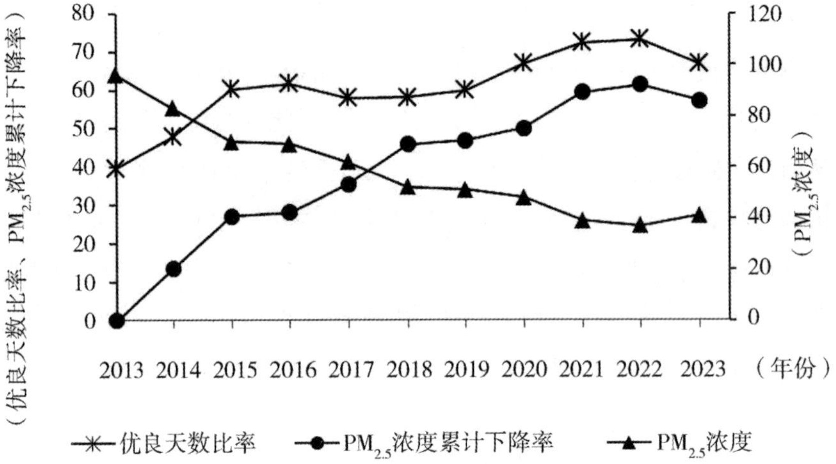

图1　近十年天津市优良天数比率及PM2.5浓度变化趋势

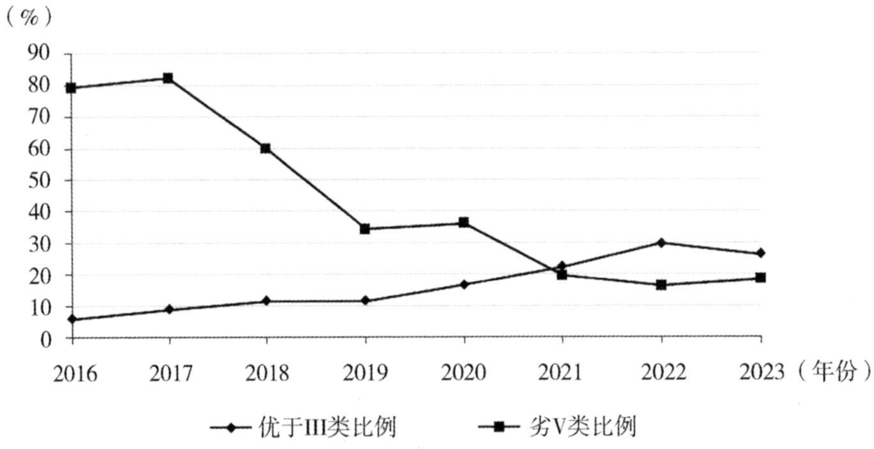

图2　2016—2023年天津市地表水入境水环境质量变化趋势

（三）治理能力现代化与绿色发展协同新机制仍待统一

推动绿色低碳转型的统筹能力、创新招法还有待提高。法治、行政、市场、科技等治理手段还不均衡，特别是市场机制作用发挥不够充分，推动结构调整的价格、税收、金融等经济政策供给不足，生态产品价值实现机制不健全，不能有效激发市场主体治污的积极性、主动性。碳普惠、生态产品价值等机制的“资金汇”尚未与碳交易市场的“资金源”连通，社会生活中减碳行为的价值实现缺少经费支撑。科技支撑环境治理不够有力，技术、模式、机制缺乏创新，数字赋能治理、管理的试点示范场景不多，引领作用不显著。

环保产业发展在广度和深度上与新时代污染减排和生态文明建设的要求不匹配。市场机制不健全，环保产业规范性、规模不足。技术水平和创新能力不足，部分环保产品与技术装备距国际先进水平仍有差距。环境治理体系有待完善。环境治理体系的系统性、整体性、协同性不足，特别是改革试点上的创新突破仍需进一步转向全局性的制度设计。数据赋能绿色发展不足，数字赋能治理、管理的试点示范场景等场景示范引领效应尚未充分发挥，能源与碳排放精细化、资产化管理意识尚未形成，大数据、区块链等新一代信息技术和降碳技术深度融合不够充分，绿色低碳产业培育不足。

三　持续激发天津减污降碳协同创新活力的对策建议

（一）以党的二十届三中全会精神为指导，体系化推进绿色低碳发展机制创新

强化环境治理制度建设。统筹推进生态环境、资源能源等领域相关法规的制定与修订，构建完善的法规保障体系。进一步健全源头管控制度。加强生态环境分区管控，强化生态环境分区管控成果实施应用。持续优化以环境影响评价为基础的生态环境源头防控制度，严把项目环境准入关。全面推行排污许可制为核心的固定污染源监管制度，推动排污许可“一证式”管理，形成

全社会共同监督的新型治理体系。优化建设项目新增主要污染物排放总量管理制度,合理高效配置环境资源。健全生态环境市场体系。完善企业环境信用评价制度,健全生态环境领域守信激励和失信惩戒机制。加快构建环境信息依法披露制度规范体系,稳步推进企业环境信息依法披露,强化企业生态环境主体责任落实。健全生态环境行政执法与公检法联动机制,推动生态环境公益诉讼与行政执法、刑事司法以及生态环境损害赔偿等制度有效衔接。

健全推进绿色低碳场景建设管理机制。建议以绿色低碳发展行动为指导,研究制定支持推动绿色低碳场景建设专项方案,综合考虑国家与地方、部门与行业、创建与评选等维度,加强各领域示范建设的目标协同、条块联动和项目统筹,形成规划选址用地、项目审批立项、投融资精准匹配、金融信贷支持等政策“组合拳”,推动场景高水平建设。同时,建议研究制定绿色低碳场景示范建设和评价技术指南,并以天津市地方标准的形式发布实施,规范各类创建活动的领域方向、建设规模和关键指标,科学核算减排效果,规范创建流程和评价认定指标体系,实现场景建设有据可依、减量可信、推广可行。此外,结合天津重点产业链和基础设施建设,面向各类市场主体和科研单位发布绿色低碳产业培育机会清单、技术研发示范机会清单和产业园区场景示范机会清单,推动天津能源结构和产业结构优化提升。

加快完善碳排放监测技术体系建设。打造“能”“碳”统一监测平台,推进同源数据共享。在各级各类能耗在线监测平台基础上,研究“能”转“碳”需要建设的采集设备、功能软件和应用模块。以组建各级大数据局为契机,将建设“能”“碳”平台作为大数据局的一项重要职能,统筹管理、研究和分析应用“能”“碳”及相关经济、统计数据。完善交叉核验机制。结合人工智能技术,研究建设集数据逻辑纠错、历史数据分析、行业数据比对和人工现场核证等功能的校验模块,确保数据真实可靠。构筑数据安全屏障。研究制定数据安全、共享发布等管理规定,按照“政府主导、统筹协同”等原则,规范划定政府与能源企业在能源和工业生产过程数据的采集、汇聚、加工、应用等环节的职责与边界。

（二）以美丽中国先行区建设为牵引，科学谋划未来五年绿色低碳发展路径

持续深入打好蓝天保卫战。推动细颗粒物（$PM_{2.5}$）和臭氧（O_3）协同改善，加强氮氧化物（NOx）和挥发性有机物（VOCs）协同管控，特别从原辅材料投入、生产工艺过程改造入手，增效减污，提高优良天数比例、把人为造成的重污染天气尽可能消除掉。分时段、分领域、分行业提升大气污染精准防治能力。突出治理夏季臭氧、秋冬季颗粒物。重点治理燃煤源、工业源、移动源、面源。分行业精准治污，一行一措、一企一策，深入开展挥发性有机物（VOCs）综合治理和源头替代，强化机动车污染管控。加强施工、道路等扬尘治理。着力解决噪声、油烟、恶臭等污染问题。

持续深入打好碧水保卫战。坚持陆海统筹、河海联动，强化水资源、水环境、水生态"三水"统筹。保护重要水源，加强于桥水库等饮用水水源地保护与规范化建设。深化工业废水、城镇污水、农业农村污水治理，实施工业园区水污染整治行动，加快补齐城镇污水收集和处理设施短板，强化农村污水设施、畜禽粪污设施稳定运行，因地制宜加强农业农村种植养殖水污染治理，大幅削减入河污染负荷。扩大水生态环境容量，加强生态水资源保障，用足节水、用好再生水、海水淡化水等非常规水源，增加生态用水，强化水系连通。推进河湖生态修复。加强河道和海岸线修复与整治，推进"美丽河湖""美丽海湾"建设。

持续深入打好净土保卫战。坚持源头防控、风险防范，严格农用地、建设用地"两个管控"，聚焦重点区域、重点行业、重点污染物，强化土壤污染预防，加强空间布局管控。严格管控工业污染，加强风险源源头管控，协同防治土壤地下水污染。实施农用地分类管理，推进受污染耕地安全利用。强化建设用地管控与修复，严格建设用地准入，实行建设用地全过程监管，开展土壤污染治理与修复。做到"不安全、不利用"，让老百姓吃得放心、住得安心。

(三)以京津冀环境科技重大专项为契机,推进绿色低碳科技创新能力上水平

强化生态环境协同治理研究。推进重点领域关键性、前瞻性技术攻关和成果转化,持续深入开展大气、水、土壤污染成因与作用机理、常规污染物和新污染物问题叠加等基础性、跟踪性研究。加快减污降碳、多污染物协同减排、能源绿色低碳转型、应对气候变化、生物多样性保护、新污染物治理等新技术新模式攻关研发和示范推广。

推动数字技术赋能生态环境治理。加快构建生态环境智慧监管平台,实现污染排放全时段精准监管、精准溯源治污。加速推进生态环境监测数智化转型,持续改善监测数据质量,全面加强监测基础能力。加强生态环境数据资源互联共享,持续完善生态环境信息一张图和固定污染源统一数据库,构建美丽天津数字化治理体系。

培育壮大环保产业。推动有效市场和有为政府更好结合,积极推进环境治理市场建设,规范市场秩序。健全环境监测机构质量控制管理体系,创新环境污染治理模式,推进工业园区环境污染第三方治理,开展乡镇(街道)环境综合治理托管服务、环境治理整体解决方案试点。支持环境治理企业关键治理技术产品自主创新,加快提高环保产业技术装备水平。

科技赋能绿色低碳场景建设。天津在氢能产业应用、绿色石化化工、固态电池研发等领域的技术和场景示范处于领先梯队,建议通过组建技术创新中心、工程研究中心等方式,并在重大科技专项的布局中给予倾斜,尽快搭建场景与产业之间的桥梁。充分发挥南港工业区绿色石化发展创新优势,以申报和承担“京津冀环境综合治理”重大项目为契机,突破一批区域复合污染治理和减污降碳关键技术,形成系统化解决方案和一批规模化绿色低碳场景示范工程,加速创新成果在天津的转化应用。拓展传统产业绿色转型场景,鼓励钢铁、油气开采等传统支柱产业拓展绿色业务板块,支持和服务冶金企业布局建设氢能小镇、氢能运输,以及油气开采企业开展海上风电、海上二氧化碳封存利用等场景建设,推动示范场景成果形成新质生产力。

（四）以碳中和目标为远景，实现绿水青山的价值转化

拓宽“绿水青山”转化“金山银山”路径。健全生态产品实现机制，构建生态产品调查监测体系、价值评价体系、经营开发体系，推进生态产品价值核算结果应用。加快推进生态环境导向的开发模式（EOD）市级项目库建设，突出生态环境治理和产业发展深度关联，确保项目自身收益平衡，帮扶更多项目获得相关金融机构信贷优惠政策支持。

加强碳普惠应用场景建设。加快推进碳普惠制度及管理机制建设，尽快实现碳普惠减排量与碳市场之间的互通，推动绿色建筑、绿色出行等普惠项目开发与备案。探索碳普惠与信用天津“海河分”、商业银行、公用事业等服务平台相结合，围绕百姓衣食住行等方面开展节能降碳普惠行动，研究建立碳积分、个人碳账户等体系，不断开发和扩大天津碳普惠产品。鼓励自愿减排场景开发。鼓励各类企事业单位开发符合条件的国家温室气体自愿减排项目，由其产生的减排量通过市场交易获得额外收益。支持大型活动主办方、工业企业、交通场站、银行网点等，通过购买国家核证自愿减排量等方式抵消部分碳排放、实现碳中和，践行低碳行动承诺和履行社会责任。

强化生态产业融合，培育“生态＋”新型业态，发展生态文旅、生态农业、生态康养等绿色产业，将生态产品培育成为绿色发展的新动能。持续推动国家生态文明建设示范区及“绿水青山就是金山银山”实践创新基地创建，打造“两山”转化示范样板。主动对接国际非政府组织，积极争取在气候变化、能源转型、环境保护与自然生态等领域的国际技术、资金和项目支持，为天津绿色低碳场景建设补充有益的外部资源。同时，主动应对世界银行、欧盟等在技援项目中配套引进国外技术、装备的需求，与天津的技术和装备短板精准对接，探索“问题分析诊断＋合作咨询项目＋先进技术引进＋消化吸收再创造”的国际合作模式在天津落地见效。

参考文献:

[1]《天津市人民政府办公厅关于印发天津市持续深入打好污染防治攻坚战三年行动方案的通知》,《天津市人民政府公报》2023 年第 17 - 20 期。

[2]《中共天津市委　天津市人民政府关于全面推进美丽天津建设的实施意见》,《天津日报》2024 年 10 月 14 日,第 3 版。

[3] 李佳宁:《京津冀大气污染集聚特征及影响因素研究》,北方工业大学硕士学位论文,2024 年。

[4] 张诗悦:《$PM_{2.5}$和 O_3 污染的区域协同治理路径及机制研究》,中国矿业大学(北京)博士学位论文,2022 年。

[5] 司雨、王英:《习近平治水思路的系统哲学基础》,《水利经济》2024 年第 5 期。

[6] 谢杨、王溢晟:《一石二鸟:“减污”和“降碳”的协同治理》,《科学》2024 年第 4 期。

[7] 王涵、马军、陈民,等:《减污降碳协同多元共治体系需求及构建探析》,《环境科学研究》2022 年第 3 期。

天津农村环境治理研究报告

师荣光　农业农村部环境保护科研监测所研究员
武文豪　农业农村部环境保护科研监测所助理研究员

摘　要： 良好生态环境是农村发展的最大优势和宝贵财富，生态振兴是乡村振兴的重要内容与关键支撑。天津扎实推进农村人居环境整治提升五年行动与乡村振兴战略，在农村厕所革命、生活污水治理、生活垃圾治理、村容村貌提升和面源污染防治等方面取得了显著成效。然而，当前天津农村环境治理方面也面临建设资金压力大、农民环保意识有待增强、环保与发展规划衔接不畅和长效机制有待完善等困难与挑战。建议下一步持续聚焦乡村生态振兴目标，扎实推进宜居宜业和美乡村建设，在农村废弃物资源化利用、农民高质量参与、乡村环境规划和农村环境监测等方面发力。

关键词： 农村环境　生态振兴　农村人居

一　天津市农村环境治理现状与主要成效

"十二五"期间，天津共创建1139个美丽村庄、150个农村人居环境整治示范村；农村垃圾无害化处理率达97%，生活污水处理设施村庄覆盖率达100%；累计改造提升农村户厕64.4万座、农村公厕4302座。《天津市推进农业农村现代化"十四五"规划》提出，到2025年，天津市预期建成2377个美丽村庄、农村垃圾无害化处理率达到99%、农村卫生厕所基本实现全面普及。

当前天津实现规划保留村庄生活污水处理设施全覆盖，建立了覆盖全部村庄的“村收集、镇运输、区处理”生活垃圾收运无害化处理体系，全域原生生活垃圾全部实现无害化处理。实施了“百村示范、千村整治”工程，农村全域清洁化工程，基本消除城乡黑臭水体并形成长效机制，村容村貌得到显著改善，“干净、整洁、有序、美化”的农村人居环境初步形成。

(一)农村厕所革命质量逐步提高

一是天津市农村卫生厕所基本实现全面普及。在“十三五”和“十四五”期间，天津市分两批累计建成300个农村人居环境整治示范村，累计改造提升农村户厕64.4万座、农村公厕4302座，农村卫生厕所普及水平远超2023年全国平均水平(73%)。

二是天津市农村改厕任务的质量和实效不断提升。2023年，天津市农村中心以改善和提升农村人居环境为主要内容，以开展全域清洁化明查暗访和农村厕所管护情况督导检查常态化、规范化和完善检查机制为切入点，在总结原有工作经验的基础上，结合新形势、新要求，编制了《农村全域清洁化检查评价指标》《农村污水设施检查技术规范》《农村厕所管护检查技术要求》三项地方标准，为保障天津市农村改厕质量提供了支撑。

(二)农村生活污水治理成效显著

一是农村生活污水处理设施基本全覆盖。天津市建设完成2209个村的生活污水处理设施，实现规划保留村庄生活污水处理设施全覆盖，已纳管农村污水处理站设施利用率达到92%以上，农村生活污水处理设施抽查监测合格率由2020年的68%左右提高至2023年的88.6%，以目前天津市乡村人口平均每人每天污水产生量50升计算，每年天津市农村污水排放量可达到3614万吨，在较高的农村污水处理设施覆盖率及利用率水平下，大部分农村生活污水得到妥善处置，减少了污水进入自然水体或地下水体造成污染的风险。

二是农村生活污水处理技术标准不断提高。天津市农村污水处理依据各农村特征分引入MBR(膜生物反应器)污水处理工艺、真空负压系统、土壤处理系统以及稳定塘等技术，形成了村内污水分散处理模式、集中处理模式和接入城镇市政管网等模式，并于2019年出台了《农村生活污水处理设施水污染物排放标准》，该标准在全国范围内属于较为严格的标准，特别是在控制排入功能水体的水质要求方面。

三是农村生活污水处理长效管护机制不断健全。2024年初，天津首个农村污水处理智慧化管控平台在宁河区正式上线。污水站通过提升改造，利用物联网技术打造污水处理智慧化管控平台，实时监测收集的污水量和水质，精准控制设备开关和功率，每年可以节省电费等运行成本50万元以上。

（三）农村生活垃圾治理水平明显改善

一是天津在全国率先完成"原生垃圾零填埋"目标，农村生活垃圾无害化处理率由2021年的97%提高至2024年的100%。2023年，天津市城乡生活垃圾清运量为416.4万吨，无害化处理率达100%。其中，城市生活垃圾产生量266.0万吨，无害化处理率达100%；农村生活垃圾产生量150.4万吨，无害化处理率达100%。

二是农村生活垃圾"村收集、镇转运、区处理"的收运处置体系日益完善。天津市农村生活垃圾收运体系基本实现全覆盖，生活垃圾末端处置厂运行稳定，在设置转运车辆、优化垃圾转运站布局和引入市场化运营等方面采取措施，完成了311处非正规垃圾堆放点整治，于2021年建成了250个农村生活垃圾分类减量示范村。

（四）农村公共环境不断绿化美化

天津市农村公共环境持续改善。通过实施农村全域清洁化工程，围绕路边、河边、田边、村边、屋边"五边"，以积存垃圾、生产生活废弃物、私搭乱建和河道沟渠等的清理为重点内容，常态化开展四季战役、百日大会战和周末大扫除等清洁活动。2023年，天津市以乡村振兴示范村奖补形式投入资金1900万元，以基础设施项目为重点，推动农村人居环境整治、村庄公共设施建设和管护、农村文化和精神文明建设等，切实推动村容村貌整体提升。

农村黑臭水体基本消除城乡黑臭水体并形成长效机制。自2020年起,天津市全面启动农村黑臭水体治理工作,打造“排查—治理—评估—销号”管理闭环,建立了农村黑臭水体动态排查动态治理机制,2021—2023年累计完成174条农村黑臭水体治理工程,动态实现农村水体的“长治久清”。

(五)农村面源污染风险降低

天津市以增强农业领域减排固碳能力、推动化肥农药减量增效、秸秆综合利用、废弃农膜回收利用、畜禽养殖粪污资源化利用、推广先进适用的低碳节能农机装备为目标,制定了《天津市主要农作物化肥定额施用指导意见》《2024年度农作物秸秆综合利用(玉米青贮饲料化)补贴政策实施方案》《天津市2024—2025年地膜科学使用回收实施方案》《天津市畜禽粪污治理和资源化利用三年行动方案》和《天津市农业面源污染治理与监督指导实施方案》等政策文件。截至2022年,天津市主要农作物秸秆综合利用率达到98%,农田残膜回收率达到85%,化肥和农药利用率均超过40%,地产农产品质量安全例行监测总体合格率保持在98%以上。

二　天津农村环境治理面临的困难与挑战

(一)环境保护硬件建设仍需持续投入

一是农村环境治理的资金压力较大。2023年,天津市财政涉农支出(农林水)为126.95亿元,占地方一般公共预算支出的3.87%,低于全国平均水平(8.73%)。农村环境整治需要大量资金的持续投入,包括基础设施建设、维护管理等,尽管天津在农村环境治理方面投入了大量资金并取得了阶段性成效,但仍有部分农村在卫生厕所、垃圾收集和村容村貌等方面存在“最后一公里”的难题,如何将有限的资金精准投入到薄弱环节成为接下来农村环境治理的重点。一方面,农村环境治理设施诸如户厕改造、垃圾清运、污水处理等查漏补缺和后期管护仍需要大量的资金支持,一定程度上加剧了财政负担;另一方面,农村环境治理设施的长期使用与农村环境的保持可能需要农户支付一定的使用费或维护费用,对于该部分费用农户的支付意愿不强,筹集难度大。此外,在资金来源、经费使用效率等方面也存在优化空间,当前农村环境治理资金的主要来源是财政资金,相对单一,而一些村集体经济较弱,筹集资金难度大,单纯依靠政府补贴可能不足以满足需求,市场机制的引入仍显不足。

二是农村环境监测设施存在不足,未形成长期和动态监测体系。通过实施农村人居环境整治三年行动和农村人居环境整治提升五年行动,以农村厕所革命、污水垃圾治理和村容村貌提升为主攻方向,天津村庄环境面貌与建设水平有很大提升。当前农村环境治理的短板在于"最后一公里"问题和农村环境监测预警体系的不完善。过去较长一段时间里我国生态环境监测工作一直"重城市、轻农村",导致部分农村环境治理措施进度慢、落地难、管护弱,尤其区位条件较差、集体经济薄弱、建设基础滞后的乡村地区,是农村环境治理的重点和难点。此外,当前农村环境监测在广度、深度和力度等方面存在明显短板,监测方式较为传统,部分监测点位布设位置与密度不合理,监测精度也难以保障,在乡镇、村域生态环境质量监测和污染源监测方面仍需加大投入,目前仍未形成包括空气质量、饮用水源水质、土壤环境质量、地表水质量和生态产品价值等在内的农村环境监测体系,不利于后续农村地区环境治理的持续推进以及预警调整。

(二)农民参与农村环境治理意识有待提升

一是农民对参与环境治理存在认知偏差。农民是农村人居环境治理的核心人物,但在农村管理实践中,农民往往扮演着"旁观者""局外人"的角色,将自己置身于农村人居环境治理之外。原因有两点。一方面,农民受教育水平有限,而农民受教育程度往往与其参与农村人居环境治理的意愿呈正相关,由于缺乏对农村环境污染成因及治理手段的科学认知,其对环境保护认识不足,环保意识有待增强,往往难以认识到农村环境问题的紧迫性、严重性以及自身行为对环境治理的重大影响,这种意识上的欠缺可能导致农民对于参与农村环境治理的必要性存在认知偏差。另一方面,农民参与农村环境治理的获得感不高，与农民期望参与乡村治理从而获得精神上的满足或是社会地位提高的认知期望不符，农民的参与往往在部分基层政府的层层考核与任务指标中得不到体现，其参与成效被“无视化”或“无效化”，导致在精神层面上出现认知偏差，挫伤了农民参与的积极性。

二是传统思维及习惯根深蒂固。农村地区长期以来形成的传统观念和行为习惯是农民高质量参与农村人居环境治理的重大障碍。一方面，部分农民思维保守，对现代化农村人居环境治理的新理念和新技术持怀疑态度；另一方面，传统的农业生产模式及农民忽视环境保护重要性的行为习惯与现代环境治理理念存在一定冲突，农民在适应新环保要求时面临心理和实际挑战。

三是农民参与农村环境治理与保护的驱动力不足。在农村，农民高度关注生计经济，在有限资源下，农民倾向于参加能够直接带来经济效益的活动，而农村环境治理带来的直接经济回报不明显，甚至厕所管护、垃圾清运、村容清洁等措施会增加农民的生活成本。此外，农村治理长期依赖“自上而下式”的工作方式，环境治理由政府持续推动，削弱了农民在环境治理中的责任感，导致农民参与农村环境治理与保护的驱动力不足。

(三)农村环境建设与乡村振兴衔接不够

一是当前农村环境建设缺乏专项规划引领。习近平总书记强调，实施乡村振兴战略要坚持规划先行，分类推进，加大投入，扎实苦干。近年来颁布的《乡村振兴战略规划(2018—2022年)》和“十四五”规划等系列政策纲领，体现了我国对乡村地区发展的高度重视。乡村振兴，规划先行。规划在乡村振兴中起到基础性和引领性作用，而缺乏规划引领可能导致农村环境治理出现混乱无序和资源浪费。当前农村环境治理过程中，各类环境用地数量与空间分布，治理项目之间的系统性关系，以及治理项目的长期效应等均缺乏系统性的规划统筹，在乡村环境的治理与建设实践中存在重工程而轻规划的问题，导致乡村环境建设项目在空间布局、功能耦合、进度安排和资金利用效率等方面存在不足，长效管控机制不健全，不利于长期稳定地保持农村环境建设成果，影响了乡村环境建设质量与绿色发展潜力。

二是农村环境建设与产业发展的结合不够。乡村振兴是“五位一体”全面振兴的系统工程，包括产业振兴、人才振兴、文化振兴、生态振兴和组织振兴，农村生态是乡村振兴的重要支撑点，也是乡村“美”的根本表现。农村环境的根本性改善是生态振兴的基础，也是产业振兴的基础保障，因此农村环境问题治理需要结合绿色产业发展。当前农村环境建设中存在将环境治理与产业发展作为两个独立目标推进的情况，部分农村环境建设的目的与产业发展目标并不完全一致，导致农村环境建设项目重“外功”而轻“内功”，重“治标”而轻“治本”，重“考核”而轻“实效”，存在部分应付检查、“面子工程”等现象。随着乡村振兴战略的实施，对农村环境保护有了更高的要求，其中涉及土壤、水、农业生产和生态文明等相互关联的问题。一方面，农业产业发展与农村环境之间的相互影响效应日益凸显，农业生产离不开土壤和水，二者质量直接关系到农产品质量和农业产值，而保护土壤和水源不仅有助于提高农产品质量，还能增进农业效益，促进农业产业发展。另一方面，环境保护也是经济可持续发展的根基，发展绿色经济是未来农业农村的必然选择，未来的乡村的建设目标是人居绿色适宜环境体系、无害化绿色生产体系、田园生态保障体系以及生态产品价值实现机制共存的宜居宜业和美乡村。

（四）农村环境治理成效的长效管护机制有待完善

一是农村环境治理设施的利用效率仍有待提高。以农村污水处理为例，由于区位条件差异，产业基础不一，人口密度不均，污水产排特征不同和生态保护需求多样，其污水处理策略也应因地制宜，但当前在天津实践中，不同农村污水处理设施的布设及后期管护策略多相似。统计数据显示，天津市农村人均污水排放量为 15 吨，但不同区位乡村人口规模和污水产排水平存在差异，其污水处理设施利用效率也有所不同。城区和集镇周边农村的小型污水处理站存在运行负荷高、抗冲击能力弱等问题，部分污水处理能力不足，有对周边环境造成二次污染的风险，而部分污水产排量较小的农村地区污水处理设施利用率和利用负荷均处于较低水平，存在运行不稳定等问题，可能导致处理效率波动大、设备故障率高等风险。

二是部分农村环境治理设施的后期管护与更新缺位。这一问题主要体现在两个方面:后期运维缺乏保障和农村环保监管队伍力量薄弱。由于政府机构改革以及部分业务主管部门的调整,一些农村环境治理工作受到环保部门、农业农村部门和水务部门等的交叉管理,部分农村环境治理设施的责任主体不明确,导致前期投资布设、中期日常管理和后期的更新维护等均受到影响,设施的使用、报修和监管等不及时,缺少专业运营和管理人员,造成设施运行效率较低等问题。此外,项目建设资金的投入是一次性的,项目后期缺少维修维护及日常运行经费无法保障,后期的运营维护经费来源需依靠自筹解决,长期承担较大压力。同时,大部分农村地区存在"三无"现象,即无专门环保机构、无专职人员和无专项经费,这也影响了农村环保监管的有效实施。

三　天津农村环境整治提升的对策建议

(一)完善农村垃圾回收及处理体系,推进农村污水治理与改厕衔接

一是推动农村生活垃圾减量化、资源化和无害化处理。依托天津市高校、科研院所和高新企业等科技创新优势,以及全国先进制造研发基地的功能定位,探索研发适合天津农村实践的反应器堆肥、堆沤还田、氧发酵协同处理、蚯蚓养殖处理有机废弃物等技术模式。在有条件的农村积极创建高效处理并资源化利用厕所粪污、生活污水、生活垃圾及牲畜粪污产有机肥等多项技术集成的应用模式,同时尝试引入科技型企业的商业运营模式,通过先进技术和市场机制,进一步提升人居环境整治成效。

二是有效做好污水处理与厕所提升改造的衔接。《农村人居环境整治提升五年行动方案》提出,要将农村厕所革命、生活污水垃圾治理作为重点任务,全面提升农村人居环境。计划开展水冲式厕所改造的地区,具备条件的,与农村污水治理一体化推进、同步设计、同步建设、同步运营。这表明农村厕所革命的核心环节是厕所粪污治理,做好农村生活污水治理是推进厕所革命的基本前提和基础性工作。厕所改造不仅是硬件设施的更新换代,更是建立起一

套完善的长效运维体系，实现“黑水”“灰水”的协同处理，保障农村环境卫生的持续改善和水资源的可持续利用。加强农村改厕与生活污水治理的有效衔接，需要科学选择改厕技术模式，宜水则水、宜旱则旱，在水冲式厕所改造中积极推广节水型、少水型水冲设施，因地制宜推进厕所粪污分散处理、集中处理与纳入污水管网统一处理，鼓励联户、联村、村镇一体处理。已完成水冲式厕所改造的地区，具备污水收集处理条件的，优先将厕所粪污纳入生活污水收集和处理系统；暂时无法纳入污水收集处理系统的，应建立厕所粪污收集、储存、资源化利用体系，避免化粪池出水直排，积极畅通厕所粪污就地就近还田渠道，并为后期污水处理预留建设空间，避免反复施工造成浪费。最终目标在于实现厕污同治，推动农村人居环境和治理水平的持续改善，提升农民生活品质。

（二）健全村规民约中的环境规制结构，加强环保意识

一是持续加强宣传引导。采取多种方式，多层次、全方位宣传农村人居环境整治提升重大意义，将农村环境整治提升和“改陋习、树新风”相融合，塑造文明乡风。通过宣传教育，提高村民的环境意识，引导村民从“看着干”到“帮着干”再到“主动干”。可以在重点村探索成立由村干部、老党员、家族带头人、乡贤和农村致富能手等组成的村庄环境保护理事会，充分调动村民的主观能动性。最终目标是促进乡村由表及里得到全面改变，乡村治理水平显著提高，村民的获得感、幸福感持续增强。

二是探索建立村民激励机制。农民是农村发展的主体，也是农村环境的主要构成者、维系者、保护者，激励农民自发参与农村环境治理，是维持农村环境持续改善的重要前提。在开展农村环境治理与农村环境建设项目时，不仅要贯彻落实《农村人居环境整治提升五年行动方案》《农业农村污染治理攻坚战行动计划》《天津市乡村建设行动实施方案》等政策文件，更要在实施过程中聚焦农民所关注的，与自身生活息息相关的农村环境问题，妥善规划整治的轻重缓急，让农民感受到环境治理的实际成效。探索农户付费制度，鼓励有条件的地区依法建立农村生活污水垃圾治理农户付费制度，提高农民对环境治

理的责任感和参与度,同时结合垃圾分类积分制、评奖评优、以奖代补等措施,提高农民对农村环境改善来之不易的认知,激励农民参与农村环境治理的各个环节,降低农民的环保成本。

(三)强化农村环境规划引领

《中共中央　国务院关于实施乡村振兴战略的意见》中提到"强化乡村振兴规划引领",2024 年中央一号文件中也强调"增强乡村规划引领效能",指出要分类编制村庄规划,加强村庄规划编制实效性、可操作性和执行约束力,强化乡村空间设计和风貌管控。《天津市乡村建设行动实施方案》中的重点任务也包括"加强村庄规划建设管理",提出"压茬推进村庄规划完善提升,确保乡村建设依规有序进行"。针对当前天津市农村发展实际,农村环境治理需要融入乡村规划体系中,以推动乡村生态振兴,建设美丽乡村为出发点和落脚点,坚持把乡村环境建设与生态保护、产业发展、农民增收和民生改善紧密结合起来,因地制宜制定系统性的乡村环境规划。一方面,加强乡村环境规划与乡村振兴规划、国土空间规划等总体规划的衔接,确保各项工作有序推进,兼顾环境;另一方面,围绕乡村人居环境整治和生态环境保护,统筹各项乡村建设项目与工程,以乡村环境专项规划为引领,带动整合资源、合力推进,为全面实现乡村生态振兴提供系统方案。

乡村环境问题治理,需要结合绿色产业发展。乡村振兴的"生态宜居"是"生活富裕"下的生态宜居,是"绿水青山就是金山银山"的理论实践。为此,乡村生态振兴必须同产业振兴、人才振兴、文化振兴和组织振兴结合起来,系统谋划,乡村环境治理不仅应当考虑环境改善的技术性问题,还需要考虑长期效益的发展性问题,要摒弃污染型产业、严格限制污染向农村转移、发展绿色农业体系,要把乡村居民的生态保护意识、特色地区的生态环境文化等与乡村各个领域协调联动。因此,需要发展乡村绿色产业,创新生态产品价值实现机制,将资源优势、区位优势、文化优势等与农村治理成果相叠加,从而有效转化为产业经济优势。

(四)规范农村环境监测与监管体系

一是完善农村环境监测相关机制与标准。当前包括天津在内的我国大部分地区的农村环境监测体系仍不完善,监测村庄覆盖范围不足,监测点位布设代表性有限,监测体系的科学性有待提高,监测的全面性仍显不足。"十四五"乃至未来的"十五五"时期是农村生态保护的关键时期,农业生产及农村生活带来的直接和潜在污染成为环境治理的重点和难点。根据第二次全国污染源普查的结果,多项污染排放指标中农业源的贡献超过 50%,但无论是政策投入、资金投入还是能力建设方面,农业农村生态环境保护的力度都远远落后于工业和城市领域。在农村改厕和农村生活污水治理等方面,天津率先出台了相关标准、政策,走在全国前列,并取得了突出的成效,而在之后的一段时间,农村环境监测将成为甄别城乡生态环境质量差距、精准治污和科学决策的重要手段,是农村生态文明建设的重要内容,天津应抓住这一关键期、攻坚期和窗口期,健全农村环境监测体系。

二是强化相关监测成果运用与反馈。一方面,要巩固农村环境质量监测成果,补齐农村环境质量监测短板,加强农村环境质量监测在乡村振兴战略、农村人居环境综合整治、农业面源污染防治等方面的应用,为农村生态环境保护提供有力的技术支撑;另一方面,要强化监测成果运用效果反馈情况的收集和分析,发挥动态监测的"警示灯""指挥棒"作用,推动农业生产方式转变,保障农业绿色发展,确保农产品生产安全。

天津海洋生态环境治理现状与对策研究报告

杨雨涵　天津科技大学海洋与环境学院

陶以军　国家海洋信息中心海洋生态研究室副研究员

摘　要： 海洋作为地球的重要组成部分，不仅为人类提供了丰富的自然资源，还承载着多样的生态系统服务功能，对于可持续发展具有重要意义。近年来，天津市积极开展海洋生态保护修复，通过调整海洋生态保护红线、优化整合海洋自然保护地、开展入海污染源整治、实施海洋生态修复项目等，显著改善了近岸海域生态环境质量，提升了海洋环境治理能力。然而，天津市仍然面临近岸局部海域水质污染、海岸带综合整治不足、生态监管体系不完善，以及公众参与度不高等问题。建议进一步加强陆海统筹与河海共治，强化海岸带的综合整治与生态修复，建立完善的海洋环境监测与评估体系，推动实施海洋生态补偿制度，促进经济发展与生态保护的协调统一。

关键词： 海洋生态环境　生态补偿　监测监管　协同治理

一　天津海洋生态环境治理现状

天津市海洋资源丰富，海岸线长 153 公里，管理海域面积 2146 平方公里。近年来，天津市积极推动海洋生态保护修复，近岸海域水质得到显著改善，海洋综合治理能力不断提高，为海洋经济可持续发展奠定了坚实基础。

（一）推动海洋生态保护

加强海洋生态保护红线优化调整和管控。2012 年，国家海洋局发布《关于建立渤海海洋生态红线制度的若干意见》，提出选划海洋生态红线区。2013 年，天津启动海洋生态保护红线划定工作，2014 年划定海洋生态红线区 219.8 平方公里。2016 年，出台《天津市海洋生态红线区管理规定》，这是全国第一个针对海洋生态红线的管理制度。2019 年，根据自然资源部和生态环境部《关于开展生态保护红线评估工作的函》，按照“多规合一、划管结合”的总体思路，对生态保护红线划定情况进行评估、优化调整，调整后海洋生态保护红线面积约 270 平方公里，主要包括天津滨海国家海洋公园、汉沽重要渔业海域、天津古海岸与湿地国家级自然保护区、北塘旅游休闲娱乐区、天津北大港湿地省级自然保护区和大港滨海湿地六大区域。天津积极加强生态保护红线区管理，包括禁止破坏性的开发活动，如禁止非法捕捞、禁止未经批准的建设活动、限制污染物排放等。[①] 2024 年出台《天津市人民政府关于做好生态保护红线管理工作的通知》，规定了严格有限人为活动准入、规范有限人为活动管理、严格生态保护红线调整管理等内容。

积极推动海洋自然保护地优化整合。海洋自然保护地在保护生物多样性、保护自然遗产、改善生态环境质量等方面具有重要作用。天津市海洋自然保护地主要包括天津古海岸与湿地国家级自然保护区、天津滨海国家海洋公园和天津北大港湿地省级自然保护区，其中，天津古海岸与湿地国家级自然保护区面积 17294 公顷，主要保护对象为贝壳堤、牡蛎礁构成的珍稀古海岸遗迹和湿地自然环境及其生态系统；天津滨海国家海洋公园面积 14201 公顷，主要保护对象为沿海滩涂、牡蛎礁生境、遗鸥等珍稀鸟类栖息地；天津北大港湿地省级自然保护区湿地总面积 34887 公顷，主要保护对象为湿地生态系统及其生物多样性，包括鸟类和其他野生动物、珍稀濒危物种等。海洋自然保护地强

① 《天津市人民代表大会常务委员会关于加强生态保护红线管理的决定》《天津市海洋生态红线区管理规定》。

化了天津市重要生态空间的保护,有助于保持生态系统的完整性和稳定性。天津海洋生态保护红线区和海洋自然保护地的划定,形成了海洋生态保护的基本格局,是天津生态文明建设的具体实践,对于促进海洋资源可持续利用具有重要意义。

(二)完善海洋环境治理

天津作为渤海湾上的重要城市,在海洋生态环境保护方面取得了显著成效。2017 年,天津市入海河流断面水质类别均为劣Ⅴ类。[①] 2020 年,天津 12 条入海河流水质均达到或优于地表水Ⅴ类标准。[②] 近年来,入海河流保持稳定消劣,近岸海域水质优良比例从 2017 年的 16.6% 提升到 2023 年的 70.9%。从监测指标来看,2023 年近岸海域主要污染物无机氮平均浓度为 0.237 毫克/升,较 2022 年下降了 13.2%。[③] 近岸海域水质的改善,已成为天津生态文明建设的一大亮点。

水质改善得益于天津在海洋生态环境治理方面采取的一系列具体举措,包括加强入海河流的污染治理、实施海域污染防治、开展海洋垃圾清理等。近年来,天津严格控制工业废水、农业面源污染和城市生活污水的排放,减少陆源污染物对海洋环境的影响,通过实施河湖水环境大排查、大治理、大提升行动[④],有效改善入海河流的水质。加大对入海河流的污染治理力度,通过实施河长制,对河流进行综合治理,严格控制工业和生活污水排放,有效减少了陆源污染物对海洋环境的影响,加强对河流沿岸的生态修复工作,恢复河流生态系统的健康,提升了河流水质。加强海洋环境监测和监管,建立了海洋环境监测网络,对近岸海域水质进行实时监测,及时发现处理污染问题,严格审查海洋工程项目的环境影响评价,强化对海洋工程建设项目的监管。

---

① 《2017 年天津市生态环境状况公报》。

② 《2020 年天津市生态环境状况公报》。

③ 《2023 年天津市生态环境状况公报》。

④ 《天津市人民政府办公厅关于印发天津市水安全保障“十四五”规划的通知》。

（三）强化海洋生态修复

近年来，在中央财政资金支持下实施了多个海洋生态修复项目，包括永定新河入海口左岸滨海湿地修复项目、天津港保税区临港湿地二期生态修复项目和中新天津生态城临海新城西侧湿地修复项目三个渤海综合治理攻坚战生态修复项目，以及2022年天津市海洋生态保护修复项目和2023年天津市海洋生态保护修复项目。上述项目主要位于滨海新区汉沽近岸、大港马棚口、永定新河河口、临港经济区、中新生态城等区域，项目成效显著，取得良好的生态效益和社会效益。

永定新河入海口左岸滨海湿地修复项目对南堤生态岸线滨海湿地区域进行整治，在原有滩涂湿地的基础上，进行生态修复，营造河海交接半咸水沼泽生境，为鸟类和动植物营造栖息地。天津港保税区临港湿地二期生态修复项目对项目区域内地形进行改造，针对不同种类水鸟的生境要求进行地形塑造，建设有梯度的适合各类水鸟栖息的保护区，最终修复形成适于鸟类栖息的滨海湿地。中新天津生态城临海新城西侧湿地修复项目包括北堤桥闸工程、安悦路（海博道—现状海堤）改造工程、疏浚临海新城西侧地形改造工程三部分内容。2022年天津市海洋生态保护修复项目位于汉沽区域，项目已进入验收阶段，有效恢复了滨海湿地生态系统，有助于提高海洋生态系统的稳定性。2023年天津市滨海新区海洋生态保护修复项目位于大港马棚口北部海域，通过岸线生态修复、湿地微生境改造、盐沼植被修复、互花米草治理、河道清淤及三角洲整治等手段对马棚口北部滨海湿地进行系统修复，有助于改善滨海湿地生态系统内部的连通性，有利于提高滨海湿地生态系统的质量和稳定性。

（四）提升海洋管理能力

随着海洋经济的快速发展和海洋环境问题的加剧，天津逐步建立了较为系统的海洋管理体系，涵盖政策法规、机构设置、技术支持和公众参与等多个方面。首先，完善海洋管理政策法规，建立了以《天津市海洋环境保护条例》为核心的法律框架，涵盖了海洋资源开发、环境保护、海洋生态修复等多个领域，不仅为海洋资源的合理利用提供了法律依据,也明确了各级政府和相关部门的责任,确保海洋管理的有效实施。同时,积极推动地方政策与国家法律法规的对接,确保海洋管理措施的科学性与一致性。其次,建立跨部门的协调机制,促进海洋管理部门与环保、交通、渔业等相关部门的协作,提高管理效率。最后,加强海洋管理技术支持,引进高新技术推动海洋监测、数据分析和资源评估的科学化。

积极探索实施河长制与湾长制,推动入海河流管理和水环境保护。建立了市、区、乡镇(街道)三级"双总河湖长"和市、区、乡镇(街道)、村四级河湖长体系①,确保了入海河流管理的全覆盖、责任到位。河长制的实施,不断完善了水治理管理体系,强化了河湖管理和保护,实现了河湖水环境的明显改善。针对渤海湾(天津段)建立滨海新区"湾长制",设置"区—街镇(开发区)—村级或相应级别基层单位"三级湾长体系。② 湾长制的实施可以在保护海湾生态的同时,兼顾开发利用、渔业管理、旅游资源等多方面需求,通过统筹规划和综合治理,推动区域协调发展。

二 问题与难点

天津海洋生态环境治理取得显著成效,但仍面临着一些深层次的问题,包括近岸局部海域海水污染、海岸带综合整治不足、海洋生态监管体系有待完善、公众参与度较低等,需要进一步补足短板,促进海洋的可持续发展。

(一)近岸海域海水污染问题仍然存在

近年来,天津近岸海域水质总体上呈现出好转趋势,与渤海平均水平的差距正在逐步减小。但是,天津市近岸海域水质仍处于渤海三省一市中的最低

① 《天津发布2024年第1号总河湖长令5个方面全面强化河湖长制》。
② 《天津市滨海新区湾长制工作信息公开》。

水平，治理改善工作仍任重道远。[①] 特别是在2021年，夏、秋季海河流域强降雨和上游省市行洪对天津市的近岸海域水质造成了显著影响[②]，上游泄洪导致的冲击使得近岸海域水质在此年份出现了回落。此外，汛期的降雨强度、降雨时间、海水温度以及海洋生物对营养物质的吸收和迁移转化能力等，都会对海水中的无机氮浓度水平产生影响。[③] 近年来天津市生态环境状况公报显示，自2017年开始天津近岸海域海水中的无机氮浓度整体呈下降趋势，不过近岸海域水质分布不均，各季节波动较大，水质较差的区域主要分布在近岸河口附近海域，由于海洋生态系统具有复杂性，以及各种自然和人为因素的影响，进一步增加了近岸海域水质改善的难度。

（二）海岸带综合整治存在不足

海岸带地区受围海养殖、港口建设、堤坝建设、流域开发建设等人为开发活动影响严重，岸线自然属性被逐步改变，生态服务功能退化。历史开发建设活动多依托浅滩、海湾，采取顺岸平推方式作业，占用了大量自然岸线，导致大陆岸线的长度、类型及结构发生了较大变化，自然岸线长度大幅减少，对近岸水动力、底栖生境等产生了显著的影响。到目前为止，天津原始自然岸线已比较稀少，过度的海岸带开发活动不仅引起海岸线的变化，还影响到固有的生态系统，从而对沿海地区的生产和生活构成威胁。[④] 天津虽实施了一系列海洋生态保护修复项目，但海洋生态修复重点在海岸线以下，陆海统筹不够，对海岸带综合整治修复仍然存在不足。巩固海岸带生态安全屏障，需综合考虑自然恢复、人工修复、重大工程实施、灾害防治和生态海岸带建设等多个方面。

---

① 付振超、韩彤、韩龙：《天津市近岸海域水环境污染状况及防治对策研究》，《中国环境科学学会2024年科学技术年会论文集（二）》，2024年。

② 《2021年天津市生态环境状况公报》。

③ 付振超、韩彤、韩龙：《天津市近岸海域水环境污染状况及防治对策研究》，《中国环境科学学会2024年科学技术年会论文集（二）》，2024年。

④ 汪翡翠、施佩歆、商志文：《天津市海岸线现状》，《地质调查与研究》2019年第4期。

(三)海洋生态监管体系有待改善

天津海洋生态预警监测、海洋生态环境监管面临诸多挑战。一是现有监测网络存在一定薄弱环节,监测网络覆盖的广度和深度不足,特别是在一些偏远或污染严重的区域,监测点分布不均,数据采集的时效性和全面性不够。二是监测数据整合分析能力有限。当前,海洋生态监测大多依赖单一部门或机构,信息的整合与共享机制不完善,缺乏有效的跨部门数据协同,不同数据源之间的衔接存在断层,导致监测数据在处理过程中存在滞后性和片面性,无法为决策者提供精准的、具有前瞻性的预警信息。三是海洋生态预警方面的技术手段仍然有限。当前的监测技术主要依靠传统的水质检测手段和人工采样,监测手段较为单一,无法及时捕捉到海洋环境中细微的变化。四是应急响应和预警协同方面存在短板。在面对突发的海洋污染事件或生态灾害时,缺乏及时有效的预警系统,海洋生态问题可能会在没有得到有效干预的情况下蔓延,导致生态损害加重,甚至影响到经济社会的发展。

(四)社会参与积极度不高

尽管公众环保意识有所提高,汉沽滩涂湿地管理、遗鸥等珍稀鸟类保护等问题受到广泛关注,但公众、企业和社会资本在参与海洋生态环境治理上仍存在不足,一定程度上影响了治理工作的效果和可持续性。由于海洋生态环境治理具有周期长、资金需求大、收益回报周期长等特点,天津市海洋生态环境治理投资主要来自各级财政,社会资本参与存在明显不足现象,企业在海洋生态环境治理中的参与度并不高。海洋生态环境治理的相关信息往往未能及时、全面地向公众公开,使得公众难以了解治理进展和成效,从而影响了公众参与的意愿和效果。

三　对策建议

改善天津海洋生态环境,推动海洋可持续发展,需要在强化海岸带综合整治修复，完善海洋生态监测评价体系，建立健全海洋生态补偿制度，推进美丽海湾建设等方面持续发力。

（一）强化海岸带综合整治修复

统筹陆域海域、岸上岸下，强化滨海湿地带、堤身结构带、陆域缓冲带综合整治修复，尤其是人工岸线区域的综合整治修复，提升海岸带生态系统完整性、稳定性，建设高品质公众亲海空间，补足天津海岸带区域短板。加强海岸带综合调查监测，探索以海岸带区域为单元，实施整体保护修复的技术方法与路径，开展典型示范，推动形成示范引领效应，更好指导海岸带保护修复项目实施。根据海岸带生态损害核查情况及防灾减灾需求，因地制宜采取海堤生态化建设，盐沼湿地、牡蛎礁等生态系统修复，防护林修复与建设等措施，加强海岸带生态系统修复。加大人工岸线区域综合整治修复力度，结合围填海历史遗留问题处理，实施海堤生态化建设，围海海堤或海塘整治改造（包含人工围堰、堤坝、填海、养殖池塘及附属设施等拆除）等，提高人工岸线区域生态化建设水平。

（二）完善海洋生态监测评价体系

一是建立覆盖全市海域的海洋生态监测网络，实现对海洋环境质量的实时监测，及时掌握海洋环境的动态变化。二是引进先进的监测技术和设备，提升监测数据的准确性和可靠性，同时加强新技术研发，继续加大生态在线监测设备的支持和推广力度。① 三是定期开展海洋生态评估，评估海洋生态系统的健康状况和生态服务功能，为海洋生态保护提供科学依据。四是建立海洋生态监测数据共享平台，实现数据的共享和交流，为海洋生态保护和管理提供支持，促进海洋生态保护工作的协同合作。五是建立健全监督和评估体系，包括对项目的实施效果进行评估，确保项目达到预期的生态保护目标；对政策的执

① 王宁、李燕、杨鹏程，等：《海洋生态在线监测技术研究进展》，《应用海洋学学报》2023 年第 1 期。

行情况进行定期审查,及时调整和完善政策内容。综合施策,不断提高海洋生态保护修复效果,促进海洋生态环境的持续改善。

(三)建立健全海洋生态补偿制度

完善海洋生态环境治理激励、奖惩政策,推动形成“谁保护、谁受益,谁修复、谁受益,谁破坏、谁付费,谁污染、谁付费”的体制机制。一是探索建立海洋生态保护补偿制度,强化对海洋生态保护者的激励,对实施海洋生态保护修复的主体予以补偿,推动形成保护修复海洋生态的良好氛围。二是完善海洋生态环境损害赔偿制度,及时对造成海洋生态环境损害的主体进行追责,维护海洋生态权益。三是实施海洋生态占用补偿制度,对合法开展用海活动的主体征收海洋生态损失补偿金,加大海洋生态修复力度。四是探讨和实施多元化的补偿,通过明确责任、制定合理的补偿标准、实施有效的监督评估,构建一个公平、有效的海洋生态补偿机制,为保护海洋资源和生态环境、维护海洋生态系统功能提供坚实的支撑。

(四)加快推进美丽海湾建设

通过美丽海湾建设,提升海湾的生态环境质量,促进人与自然和谐共生。2023 年 8 月,中新生态城岸段入选全国第二批美丽海湾优秀案例,天津在美丽海湾建设方面取得了重要突破。总结中新生态城岸段的成功经验,推动沿海街镇、功能区因地制宜打造各自湾区岸段的特色亮点,“一湾一策”建设美丽海湾。针对受损的海湾进行生态修复,提升海湾的生态服务功能。建立海湾生态环境的长效监管机制,确保海湾生态环境的持续改善和稳定。沿海岸线附近规划和建设更多的公共亲海空间,如海滨公园、观鸟平台和海洋生物观察点,为市民提供直接接触海洋的机会。开展海洋环境教育和公众参与活动,提高公众的海洋环保意识,促进公众亲海、爱海、护海。

生态建设篇

天津生态环境分区管控体系建设及路径研究报告

天津市生态环境科学研究院课题组①

摘　要： 按照生态环境部统一部署，天津市积极推动生态环境分区管控工作，加强立法、政策、科技、信息平台支撑，完成了市、区两级“三线一单”生态环境分区管控方案的印发实施，初步建立起全域覆盖的生态环境分区管控体系。以动态更新、跟踪评估为重点持续完善制度建设，不断探索分区管控的落地应用，统筹推进经济高质量发展和生态环境高水平保护。新形势下，生态环境分区管控工作面临管控体系不够健全、机制不够顺畅、运行不够高效等问题与挑战。面向美丽天津建设新要求，持续完善生态环境分区管控体系，需要在健全管理体系、完善实施路径和机制、拓宽应用领域、加强信息平台建设等方面持续发力。

关键词： 生态环境分区管控　管理体系　实施路径　信息平台

实施生态环境分区管控是以习近平同志为核心的党中央作出的重大决策部署。2023 年，习近平总书记在全国生态环境保护大会上强调要完善全域覆

① 执笔人：孙晓蓉、王治民、张丽敏、陈璐、孙曼丽。其中，孙晓蓉、陈璐，天津市生态环境科学研究院正高级工程师；王治民、张丽敏、孙曼丽，天津市生态环境科学研究院工程师。

盖的生态环境分区管控体系,为发展“明底线”“划边框”。2024 年 3 月,中共中央办公厅、国务院办公厅印发《关于加强生态环境分区管控的意见》(以下简称《意见》),明确生态环境分区管控是以保障生态功能和改善环境质量为目标,实施分区域差异化精准管控的环境管理制度,是提升生态环境治理现代化水平的重要举措。2024 年 7 月,党的二十届三中全会指出“要实施分区域、差异化、精准管控的生态环境管理制度”,进一步强化了生态环境分区管控在生态环境源头预防制度体系中的基础地位。近年来,天津市按照国家统一部署,基本建立市、区两级生态环境分区管控体系,全面提升生态环境治理效能,以生态环境精准、科学、依法管控,助力人与自然和谐共生的美丽天津建设。

一　天津生态环境分区管控体系建设概况

生态环境分区管控是生态文明制度建设的重要实践创新。目前,天津市基本建立以生态环境管控单元为基础、以生态环境准入清单为手段、以信息化平台为支撑的精细化管理体系,推动实现分区域差异化精准生态环境管理。

(一)建立分级分区管控体系

2017 年以来,生态环境部在全国推动建立以“三线一单”(生态保护红线、环境质量底线、资源利用上线和生态环境准入清单)为核心的生态环境分区管控体系。2018 年 5 月,天津市生态环境局、市发展改革委等六部门联合印发工作方案,正式启动“三线一单”生态环境分区管控编制工作。成立以市领导为组长、市有关部门和各区政府为成员单位的天津市区域空间生态环境评价工作协调小组,高位推动生态环境分区管控工作。成立由生态环境部规划院、天津市生态环境科学研究院、天津市生态环境监测中心等单位联合组成的技术组,并组建生态、水、大气、土壤、数据系统五个专题工作组,为高水平、高质量完成“三线一单”生态环境分区管控编制工作提供了技术支撑。2019 年,天津市将“三线一单”生态环境分区管控工作纳入《天津市生态环境保护条例》,在全国率先确立了“三线一单”生态环境分区管控的法律地位。2019—2020 连续两年将“三线一单”生态环境分区管控编制实施纳入天津市委常委会重点工作和全面深化改革重点任务。2020年9月，生态环境分区管控成果通过生态环境部审核。2020年12月，天津市印发实施《天津市人民政府关于实施“三线一单”生态环境分区管控的意见》（津政规〔2020〕9号），作为天津市生态环境分区管控的纲领性文件。2021年10月，天津市16个区依托市级分区管控成果，陆续完成各区方案及清单发布工作，天津市分级分区生态环境管控体系基本建立。

为了进一步完善生态环境分区管控制度建设，天津市不断加强顶层设计，制定印发了多项管理和技术文件。2021—2022年，相继制定印发《关于加快推进“三线一单”生态环境分区管控措施实施应用的通知》《关于进一步推进“三线一单”生态环境分区管控制度实施应用的通知》《关于开展2022年度“三线一单”生态环境分区管控跟踪评估工作的通知》《天津市“三线一单”生态环境分区更新调整实施细则（试行）》，建立实施更新调整、跟踪评估等机制，不断推进生态环境分区管控落地应用。2023年，印发《天津市2023年生态环境分区管控成果动态更新工作方案》，按照生态环境部统一部署，衔接国土空间规划、“十四五”生态环境保护规划等政策文件要求，完成生态环境分区管控成果动态更新。通过动态更新提升成果的时效性和针对性，确保制度的长期延续和生命力。

（二）实施生态环境差异化管理

为了实施分区域、差异化管控，天津按照生态环境部部署要求，将陆域国土面积划分为优先保护、重点管控、一般管控三类生态环境管控单元。优先保护单元，以生态保护红线、双城间绿色生态屏障一级管控区、饮用水源保护区、一级河道及其他重要生态功能区为主，重点加强生态系统保护和功能维护；重点管控单元以各类产业园区、工业集聚区等生态环境质量改善压力大、污染物排放集中、环境风险高、资源能源消耗强度高等区域为主，重点推进产业布局优化、转型升级，提升资源利用效率，解决突出生态环境问题；一般管控单元重点保持生态环境质量基本稳定。天津市结合海洋主体功能区划、近岸海域环境功能区划以及滨海区域经济产业和生态环境保护质量现状特征,将近岸海域划分为优先保护、重点管控、一般管控三类管控区,为全国近岸海域分区划定提供“天津经验”。

截至2024年,天津市陆域国土面积共划定294个环境管控单元。其中,优先保护类单元102个,与天津市“三区两带中屏障”生态安全格局匹配,占陆域面积的19.0%;重点管控单元183个,与天津市经济社会发展战略格局一致,涵盖120多个开发区、产业园区及产业聚集区,占陆域面积的48.0%;一般管控单元9个,占陆域面积的33.0%。天津市近岸海域划定环境管控区35个。其中,优先保护区9个,主要为海洋生态保护红线,涉及重要滨海湿地、重要渔业水域、重要滩涂及浅海水域等类型;重点管控区为14个,主要包括天津港港口、工业与城镇用海、特殊利用等区域;一般管控区12个。

生态环境准入清单是提升分区管控有效落地实施的重要抓手,2020—2021年市、区两级生态环境分区管控方案发布,制定形成市级、区级、环境管控单元组成的“1+16+N”三级生态环境准入清单。清单以经济产业发展调控、生态环境保护管理要求等政策和文件为依托,把生态保护红线、环境质量底线、资源利用上线等生态环境“硬约束”,落实到生态环境管控单元,实现精准施策、科学治污、依法管理,显著提高生态环境精细化、差异化管理水平。

(三)搭建信息管理平台

为切实提升“三线一单”生态环境分区管控效能,推动生态环境分区管控成果落地应用,天津启动“三线一单”生态环境分区管控信息管理平台搭建工作。2021年7月,信息管理平台正式上线,集成了天津“三线一单”生态环境分区管控成果和生态环境管理数据,包括成果综合展示、环境准入查询、项目智能研判等主要功能,实现了“三线一单”成果的信息化、可视化和智能化。完成市、区生态环境分区成果数据入库工作,实现数据的共享共用。2023年2月,天津在生态环境局官网设置生态环境分区管控智能查询窗口,公众可通过输入项目名称及选址经纬度查询并下载所在单元管控要求,分析项目与生态环境分区管控要求的符合性,有助于激发企业发展活力,优化营商环境。

近年来，天津积极推动各区生态环境和行政审批部门强化“三线一单”信息管理平台应用，为服务重大项目建设和审批落地提供支撑。截至2024年，利用平台成果指导各区开展规划环评及建设项目环评的符合性分析，支撑审批建设项目环评4000余件，充分推进了天津生态环境分区管控成果共享共用。

二　天津生态环境分区管控取得成效

实施生态环境分区管控制度，是新时代贯彻落实习近平生态文明思想、深入打好污染防治攻坚战的重要举措。天津市将实践应用贯穿成果落地全过程，积极推动生态环境分区管控成果在支撑规划编制、项目环评、规划环评、园区管理等领域落地应用，助力加速经济社会发展全面绿色转型，生态环境分区管控制度效能得以彰显。

（一）助推经济社会高质量发展

1. 促进绿色低碳发展

实施生态环境分区管控，针对不同生态环境管控单元提出优化布局、调整结构、控制规模等调控策略及导向性的环境治理要求，进行清单化管理，有助于疏通美丽天津建设的“毛细血管”，为重点领域绿色低碳发展打通堵点、补齐短板、畅通循环。近年来，天津市充分发挥生态环境分区管控“绿色标尺”作用，科学指导各类开发建设活动。强化重点单元管控，以污染物排放管控和环境风险防控为重点，推进产业布局优化和结构升级，推动石化产业向南港工业区聚集。加强高耗能、高排放、低水平项目准入管理，将生态环境分区管控要求作为行业布局、项目选址的“硬约束”，为绿色低碳高质量发展留出更多空间。引导传统产业绿色低碳转型升级，2024年天津市36家企业入选国家级绿色工厂。

2. 支撑综合决策

天津充分发挥生态环境分区管控在源头预防体系中的基础性作用，在涉及区域开发建设活动、产业优化布局等政策制定和规划编制前期,主动衔接生态环境分区管控要求,科学指导各类开发建设活动。近年来,利用和借鉴生态环境分区管控成果,为国土空间规划、国民与经济发展“十四五”规划、生态环境保护等各类专项规划编制提供前置性的科学引导。坚持生态环境分区管控要求与重大、重点规划相结合,开展多个规划、项目环评与“三线一单”生态环境分区管控成果的先期对照分析服务,规范开发建设活动。成果支撑《天津市工业布局规划(2022—2035年)》《天津市矿产资源规划(2021—2025)》《天津市环卫设施布局规划(2022—2035年)《天津市省级公路网规划(2021—2035年)》《天津市石油天然气长输管道中长期发展和布局规划》《天津市城市道路桥梁专项规划(2021—2035年)》等文件编制,避免了政府决策偏差和企业投资风险,切实防范生态环境风险。

(二)助力生态环境高水平保护

1. 推动环境质量改善

聚焦环境质量底线和能源利用上线,结合区域生态环境,以及资源能源结构、功能、特征,天津市深入推进分区分类污染防治工作,按照生态环境部技术指南要求,将国土面积按照大气、水、土壤等环境要素划分不同管控分区。其中,按照大气环境要素划分为大气环境优先保护区、大气环境重点管控区和大气环境一般管控区;按照水环境要素划分为水环境优先保护区、水环境重点管控区和水环境一般管控区;按照土壤风险防控要求划分为农用地优先保护区、农用地及建设用地污染风险重点管控区、土壤环境一般管控区。为巩固居民清洁取暖及燃煤锅炉治理成效,划定高污染燃料禁燃区并严格执行相关管控要求。得益于生态环境分区管控落地应用,天津生态环境质量持续改善,人民群众的幸福感、获得感不断增强。2024年,天津$PM_{2.5}$年均浓度38.14微克/立方米,全市禁燃区面积占比51%;地表水国控断面优良水质占比52.8%;受污染耕地、重点建设用地持续保持安全利用;近岸海域优良水质占比达72.6%。

2. 保障生态功能稳定

天津连山通海、九河下梢，是海河五大支流汇合处和入海口，自然资源丰富，湿地类型多样、特色突出。近年来，天津始终以生态保护红线为重点，严格重要生态空间保护和资源开发管制，科学开展生态系统保护修复，为实现天津在京津冀协同发展中的“一基地三区”功能定位做好支撑。对生态环境优先保护单元，分单元识别突出环境问题，落实差异化管控要求。强化生态保护红线、自然保护地监管，加强七里海、大黄堡、北大港、团泊等湿地保护和修复。投资140多亿元，实施七里海湿地保护修复“十大工程”，湿地栖息鸟类从182种增加到258种，数量由每年20万—30万只增加到近50万只；大黄堡湿地被列为新一批国家重要湿地；强化绿色生态屏障管护、岸线保护和滨海湿地修复，维护天津市生态安全格局。同时，充分发挥生态环境分区管控成果的引领和约束作用，助力西青、蓟州、宝坻、宁河、津南区等区生态文明建设示范区和蓟州区、西青区王稳庄镇、西青区辛口镇、中新天津生态城、宝坻区潮白新河流域“绿水青山就是金山银山”实践创新基地创建。

三　天津生态环境分区管控发展面临的挑战

天津生态环境分区管控工作取得了一定成效，在提升生态环境治理效能、支撑综合决策等方面发挥了重要作用。但是，当前生态文明建设仍处于压力叠加、负重前行的关键期，结构性、根源性污染问题依然突出，环境质量持续改善任务依旧艰巨，环境治理能力仍有待提升。面向美丽天津建设新要求，如何在新时期、新形势下深入推进天津生态环境分区管控工作，仍面临着很多问题和挑战。

（一）管理体系有待健全

天津生态环境分区管控体系处于初步建立阶段，动态更新、跟踪评估等机制虽然有了一定实践基础，但尚需进一步完善细化，以提高生态环境分区管控的精准性、科学性；现有技术文件仍较为分散，且多为试行文件，部分重点技术环节、技术内容的技术规程和要点尚不健全,生态环境准入清单特征和差异化体现得不够明显;信息管理平台运行不稳定、功能模块不丰富;虽有立法支撑,但是《天津市生态环境保护条例》中对应条款为“原则性入法”,未对全过程管理提出明确要求;缺乏长效的资金保障,技术团队人员不稳定问题较为突出。

(二)实施路径和机制有待明确

在工作机制层面,生态环境分区管控工作涉及生态环境、发改、规划和自然资源、海洋、民政等多个部门,但是部门间存在信息共享难、协同力度不够等问题;虽然目前已经明确了生态环境分区管控编制、发布和实施的主体是地方党委、政府,但是在实施过程中监管较为薄弱,需要加强监督、考核、奖惩等手段措施。在实施路径层面,生态环境分区管控如何衔接国土空间规划、减污降碳协同增效等政策要求,如何与环境影响评价、排污许可等制度联动形成合力,均有待探索。

(三)应用领域有待拓宽加深

天津生态环境分区管控的应用领域还比较有限,主要体现在空间布局优化方面,在污染物排放管控、环境风险防控和资源能源开发利用效率要求等方面的应用较少,尤其是在环境要素管理方面应用深度不够,对重大战略、重点区域发展的综合支撑作用有限。在加强园区管理、强化监督执法等方面应用路径尚不清晰,对落地应用的案例挖掘和宣传力度不足。

四　完善天津生态环境分区管控体系的对策建议

要坚持人与自然和谐共生理念,以美丽天津建设为指引,在绿色发展和“双碳”战略背景下,统筹推进生态环境分区管控管理体系、应用体系、保障体系、监管体系建设,推动建立体系健全、机制顺畅、运行高效的生态环境分区管控制度。

（一）逐步健全管理体系

第一，加强顶层设计，制定配套政策。贯彻落实《意见》，天津市结合实际制定关于加强天津生态环境分区管控的实施意见，细化配套措施，明确天津生态环境分区管控方案制定发布、实施应用、信息平台建设、更新调整、跟踪评估和监督管理等方面的管理细则，进一步推进生态环境分区管控制度在天津的落地实施。

第二，聚焦关键环节，精准科学开展动态更新和跟踪评估。制定完善天津市动态更新和跟踪评估实施细则，明确动态更新、跟踪评估的一般情形、具体流程和要求，把握好动态更新“动”与“不动”的原则。建立健全监督管理—评估反馈—动态更新—优化提升的管理机制，对已发布的生态环境分区管控方案开展跟踪评估，结合跟踪评估结果以及基础支撑数据的时效性，适时启动生态环境分区管控成果动态更新，通过跟踪评估和更新调整不断提高生态环境分区管控的精准性、科学性。

第三，强化技术衔接，提升分区管控技术支撑水平。按照《意见》要求，生态环境分区管控成果 5 年定期调整。目前，生态环境部正在制定生态环境分区管控技术指南总纲等系列技术标准。为了更好地完成天津生态环境管控单元划定、生态环境准入清单编制和信息平台建设等工作，天津市需要加强分区管控相关技术的衔接落实，同时强化科学研究，围绕天津市实际需要开展生态环境分区管控理论、技术与应用研究。

第四，加强能力建设，完善立法、人才、资金保障。积极发挥法治引导、推动、规范、保障作用，及时把生态环境分区管控改革成果上升为法律制度，为生态环境分区管控全过程管理提供有力的法律支撑；加强团队人才培养和梯队建设，保持人才队伍的稳定性，鼓励有条件的区建立自己的技术团队。强化方案制定、更新调整、跟踪评估、信息平台建设等财政资金保障。

（二）完善实施路径和机制

第一，完善协同联动工作机制。进一步加强工作组织协调，天津市生态环境局要发挥牵头抓总作用,完善运行机制;发改、规划和自然资源等相关单位建立协作联动机制,着力打通部门之间的信息壁垒,加快完善以生态环境分区管控为联结点、以实现联合决策为目的的多部门协调管理机制,协同做好实施应用工作,支撑优化重大生产力布局、促进工业绿色低碳发展、服务重大项目快速落地。

第二,健全监督考核机制。建立健全生态环境分区管控成果应用评估和实施监管机制。将生态环境分区管控实施情况纳入生态环境保护目标责任制考核,压实地方党委、政府责任,推动生态环境分区管控工作落地落实。

第三,强化政策协同。一方面,探索开展与国土空间规划衔接试点研究,在生态环境分区管控的方案编制、落地应用、信息平台建设、调整更新和跟踪评估方面与国土空间规划充分衔接,实现生态环境分区管控与国土空间规划的协同联动。另一方面,探索开展减污降碳协同管控试点研究,在优先保护单元,积极探索协同提升生态功能与增强生态系统碳汇能力;在重点管控单元,强化对重点行业减污降碳协同管控,推动构建促进减污降碳协同管控的生态环境保护空间格局。

第四,加快形成制度合力。开展生态环境分区管控与环境影响评价、排污许可等制度联动改革,完善源头预防体系,探索形成一套生态环境分区管控与环境影响评价、排污许可等制度协同发力的工作机制。选择典型重点管控单元,开展生态环境分区管控与环境影响评价、排污许可、环境监测和执法监管协调联动试点,强化生态环境分区管控空间引领作用,探索实现环境准入一张图智能管控、监测执法高效支撑联动的环境管理体系。

(三)进一步拓宽应用领域

第一,加强分区分类管控,持续推动环境质量改善。深入推进更科学、更系统、更精细的分区分类污染防治工作,针对地表水、地下水、海洋、大气、土壤、噪声等环境要素,加强分区分类差异化精准管控。聚焦污染防治重点区域、重点领域、关键环节,完善问题识别、精准溯源、分区施策的全链条管理机制,解决突出生态环境问题,防范环境风险。

第二，落实国家重大战略，推进京津冀协同发展。围绕美丽中国先行示范区建设重大需求，针对京津冀突出生态环境问题、功能定位和产业发展特点，有效发挥生态环境分区管控的差异化引导作用，系统科学精准推进大气污染联防联控、水环境联保联治，助推生态环境联建联防联治走深走实。

第三，深度挖掘应用案例，支撑园区管理和执法监管。在园区管理中，把生态环境分区管控的理念和要求充分融入园区产业发展策略，从源头上控制环境污染、降低环境风险、推动园区绿色低碳发展转型。在生态环境执法中，充分利用生态环境分区管控成果，加强生态环境问题线索的筛选或预判。加强应用案例的深度挖掘，开展形式多样的宣传工作，强化典型案例的示范引领作用。

（四）加强信息平台建设

第一，融合多元数据，强化业务协同。一方面，积极推进与市国土空间规划“一张图”系统、政府服务等系统的对接，逐步实现跨部门、跨层级的信息共享、业务协同。另一方面，在生态环境系统内打通与污染源管理、环境监测等接口，建设成果数据共享系统，扎实推动生态环境分区管控成果应用。

第二，加强系统维护，丰富功能模块。推进生态环境分区管控信息平台建设，保障信息系统安全、稳定运行。拓展成果管理、调整更新、实施应用、跟踪评估、监督管理等功能。聚焦优先保护单元和产业园区重点管控单元，构建生态环境分区跟踪评估模块，以实现跟踪评估的数字化管理。

第三，强化需求驱动，提高智能化支撑水平。探索人工智能等新一代信息技术与生态环境分区管控融合创新，实现生态环境分区管控符合性智能研判，提升对政策落地、环境准入、园区管理、执法监管的数智化应用的支撑水平。

参考文献：

［1］《中共中央办公厅　国务院办公厅关于加强生态环境分区管控的意见》，《人民日报》2024 年 3 月 18 日。

[2] 孙金龙、黄润秋:《加强生态环境分区管控　以高水平保护推动高质量发展创造高品质生活》,《学习时报》2024 年 3 月 20 日。

[3] 黄润秋:《深入学习贯彻全国生态环境保护大会精神　以美丽中国建设全面推进人与自然和谐共生的现代化——在 2024 年全国生态环境保护工作会议上的工作报告》,《中国生态文明》2024 年第 1 期。

[4]《生态环境部环评司有关负责人就〈生态环境分区管控管理暂行规定〉答记者问》,《中国环境监察》2024 年第 7 期。

[5] 秦昌波、张培培、于雷,等:《“三线一单”生态环境分区管控体系:历程与展望》,《中国环境管理》2021 年第 5 期。

[6] 王金南:《加强生态环境分区管控　全面推进美丽中国建设》,《经济日报》2024 年第 3 期。

[7] 姜昀:《美丽中国建设目标下完善生态环境分区管控体系建设思路》,《环境影响评价》2024 年第 3 期。

[8] 汤博、刘瑜,等:《浙江省“三线一单”实施的成效、问题与展望》,《环境污染与防治》2024 年第 8 期。

[9] 杨晔、王龙飞、王琰:《推进生态环境分区管控数字化建设实践及思考》,《环境影响评价》2024 年第 3 期。

[10]《天津召开 2025 年生态环境保护工作会议:高水平推进美丽天津建设》,2025 年 1 月 24 日,天津生态环境公众号,http://mp. weixin. qq. com/s/_xn2DdxlGfHtA0HZx9KfyQ。

[11]《天津市调整高污染燃料禁燃区范围政策解读材料》,天津市生态环境局官网,2023 年 2 月 20 日,http://sthj. tj. gov. cn/ZWGK4828/xzcjd/202302/t20230220_611393. html。

[12] 寇江泽、李红梅:《建立“绿色标尺” 守好生态红线,全国已划定四万多个生态环境管控单元》,《人民日报》2024 年 3 月 26 日。

[13] 孙金龙:《深化生态文明体制改革必须遵循“六个坚持”重大原则》,《党建》2024 年第 10 期。

[14] 秦昌波:《以生态环境分区管控制度为抓手实施差异化精准管控》,《中国环境报》2024 年 9 月 9 日。

[15] 张静淇:《天津新增生态文明建设示范区和“绿水青山就是金山银山”实践创新基地》,人民网,2023 年 11 月 2 日,http://tj. people. com. cn/n2/2023/1102/c375366 - 40625724. html。

天津绿色生态屏障建设实践与效益研究

郭珉媛　天津社会科学院生态文明研究所副研究员
常　烃　天津社会科学院生态文明研究所副研究员

摘　要： 天津绿色生态屏障区建设以来，在机制组织领导、规划政策引领、管控体制建设、修复工程推进方面取得优异成绩，生态环境效益显著，城市发展空间格局得到优化，生态价值转化稳步推进，绿色发展动能进一步增强，富民振兴效应充分释放。但在土地管控政策、生态产业化路径、产业生态化发展和建设资金来源等方面面临新的挑战。继续推进绿色生态屏障区建设，应进一步夯实生态基底，高效促进生态价值转化，把绿屏建设好、维护好、利用好。

关键词： 绿色屏障区　生态产品价值　“两化”融合

绿色生态屏障建设是天津贯彻习近平生态文明思想、落实京津冀协同发展战略部署的重要实践，也是天津推动形成集约紧凑双城发展格局、提升城市生态环境系统功能的重要举措。自2018年建设试点启动以来，经过多年的努力，绿色生态屏障区建设成效显现，成为新时代天津超大城市人与自然和谐共生、绿色转型发展的亮丽名片。进一步实施绿色生态屏障区建设，需要及时总结经验、明晰任务形势、适时调整推动，这既是坚持生态优先战略定力、推进美丽天津建设的需要，也是加快城市发展绿色转型，实现城市内涵式高质量发展的题中之义。

一　绿色生态屏障建设实践经验

绿色生态屏障建设是美丽天津建设的重要内容和实践任务,在实施过程中始终坚持高站位、高标准、严要求、实举措,探索形成了一系列具有天津特色的创新做法,夯实了天津高质量发展的浓绿底色。及时对绿色生态屏障建设经验进行必要总结,既是深化绿色屏障建设实践的内在需要,也是加快美丽天津建设的必然要求,同时也能为其他地方建设提供借鉴。

(一)健全组织架构,强化规划导引

2017 年,天津市第十一次党代会作出"滨海新区与中心城区要严格中间地带规划管控,形成绿色森林屏障"的决策部署,绿色生态屏障建设由此肇始。成立了由市长任组长,两位副市长任常务副组长,24 个市级部门组成的绿色生态屏障建设领导小组。同时,屏障区建设注重发挥规划引领、法制约束作用。编制了以"总纲"为统领、专项规划与分区规划相结合的规划体系(见表 1),建立起由工作方案、技术细则、指导性文件共同构成的实践推进政策体系(见表 2),并通过地方立法的形式将绿色生态屏障建设固定下来(见表 3),为绿色生态屏障建设持续坚定推进提供必要保障。

表 1　绿色生态屏障建设规划体系

	规划体系
总规	《天津市双城中间绿色生态屏障区规划(2018—2035 年)》
专项规划	《天津市双城中间绿色生态屏障区造林绿化专项规划(2018—2035 年)》 《天津市双城中间绿色生态屏障区生态环境保护专项规划(2018—2035 年)》 《天津市双城中间绿色生态屏障区工业园区治理专项规划(2018—2035 年)》 《天津市双城中间绿色生态屏障区水系规划(2018—2035 年)》 《天津市双城中间绿色生态屏障区路网专项规划(2018—2035 年)》 《天津市绿色生态屏障旅游专项规划(2022—2035 年)(报审稿)》

续表

	规划体系
分区规划	《西青区双城中间绿色生态屏障区规划(2018—2035 年))》 《天津市津南区绿色生态屏障区空间规划(2018—2035 年)》 《天津市东丽区绿色生态屏障规划(2018—2035 年)》 《滨海新区双城中间绿色生态屏障区规划(2018—2035 年)》 《天津市宁河区双城中间绿色生态屏障区规划(2018—2035 年)》

表 2　绿色生态屏障建设规范性文件

	规范性文件
工作方案	《天津市加强滨海新区与中心城区中间地带规划管控建设绿色生态屏障工作方案》
	《天津市绿色生态屏障"十四五"建设实施方案》
	《天津市双城中间绿色生态屏障区管控区界线调整方案》
指导性文件	《双城生态屏障区一级管控区生态单元管控指引》
	《关于保障和规范农村一二三产业融合发展用地有关工作的通知》
	《新建设施农业用地政策问答口径》
技术细则	《双城中间绿色生态屏障区生态景观道路设计技术导则》
	《天津市绿色生态屏障区内发展生态渔业的技术指引》

表 3　绿色生态屏障建设立法

	刚性约束法规体系
地方性法规	《天津市人民代表大会常务委员会关于加强滨海新区与中心城区中间地带规划管控建设绿色生态屏障的决定》
	《天津市绿色生态屏障管控地区管理若干规定》

(二)实施三级管控,统筹工程建设

为正确处理绿色生态屏障区域内生态环境保护与经济社会发展、群众生产生活的关系,天津市创造性地提出在绿色生态屏障建设中按照一级管控区、二级管控区、三级管控区实施分级管理。其中,一级管控区主要包括生态廊道和田园生态区等区域,占总面积的61%,重点进行生态建设和修复,禁止一切与生态环境保护无关的建设活动;二级管控区主要包括示范小城镇、示范工业园区等,占总面积的20%,统筹生产、生活、生态空间,严格控制建设规模与开发强度,建设高标准绿色建筑,完善环境保护配套及绿化工程;三级管控区占总面积的19%,以内涵式发展为主,加强结构调整,实现产业转型升级,有序推动区域有机更新,着力提高发展质量和水平。统筹开展拆迁与生态修复、造林绿化、水生态环境治理、道路交通建设、旅游发展、高标准农田建设、基础设施建设、人居环境整治与乡村振兴、污染治理和综合监管等十大重点工程建设。

(三)加强生态修复,强化综合治理

绿色生态屏障区生态系统建设遵循“因地制宜、科学适栽”的总体原则,统筹开展“林田水草、河湖湿地”一体化修复。以加强森林建设为重点,利用荒地、滩地、拆迁地、清退用地,进行地形重塑和增加森林种植面积,按照“因地制宜、适地适栽”的植物种植原则不断提升现状林地园地、公园防护绿地等区域的种植力度。围绕优化水资源利用,通过河道生态修复工程、水环境治理工程、引河泵站建设、传统台田系统工程建设等生态基础设施建设,推进生态系统修复与生态营造。秉持“轻梳理、浅介入、微创修复、系统修复”的建设理念,着力打造生态廊道、生态保育、农林复合、滨湖生态、滨河生态“五位一体”生态功能,多措并举实现绿色生态屏障建设的综合效益和生态效益稳步释放。天津市绿色生态屏障区正成为生态资源富集的“绿谷”、引领转型发展的“绿峰”、双城格局的“绿珠”,成为新时代天津超大城市人与自然和谐共生、绿色转型发展的亮丽名片。

二 绿色生态屏障建设成效

（一）生态环境效用全面彰显

一是生态系统全面改善。经过多年建设，绿色屏障区内绿屏蓝绿空间占比从建设之初的62%提升到2024年的66.2%以上，绿色屏障区内成规模生态区域面积达到近300平方公里，初步显现了“大水、大绿、成林、成片”的生态景观；土壤得到有效保护，每年减少土壤侵蚀37.74万吨，地面沉降得到遏制；动植物群落得到有效恢复，吸引天鹅、白鹭等40余种野生鸟类和狐狸、黄鼬等10余种陆地野生动物栖息繁衍，形成了野趣自然、和谐共生的大美生境。二是环境治理显著提升。绿屏区内空气质量大幅改善，空气优良天数上升，重污染天数明显减少，2023年屏障区 $PM_{2.5}$ 年均浓度42微克/立方米，较2018年下降21.2%；屏障区地表水质全面提升，劣Ⅴ类水质全部消除，Ⅳ类水质比例由2018年的9.1%上升至2024年的72.7%，局部达到Ⅲ级；土壤污染治理稳步推进。三是气候条件整体改善。绿色生态屏障将中心城区和滨海新区核心区两个“超大干岛”“超大热岛”拦腰隔断，降温、加固碳作用显著。与2017年相比，中心城区东南部夏季降温0.2—0.4摄氏度，日均气温下降5.9%，相对湿度上升9.6%。四是森林固碳能力明显加强。2024年绿色生态屏障单位面积固碳量增加到344.53克/平方米，较2017年增加35.19克/平方米。

（二）可持续发展空间格局进一步优化

绿色生态屏障建设持续推进，彻底扭转了天津城镇化进程中发生的中心城区和滨海新区东西对进、相向拓展“摊大饼”式粗放发展趋势，优化了天津中心城区—滨海新区双城发展空间结构，绿色生态屏障内的城镇实施“组团式”发展策略，组团内注重强化医疗、教育、商业、生活配套，做好公共服务供给延伸，加快新兴产业集聚；组团间通过轨道交通、公共交通网络建设实现高效绿色互联，使新型城镇建设成为绿色生态屏障体系的有机组成部分。同时，绿色森林屏障建设将片林、生态林网、休闲林地、路林带、湿地林带等生态工程建设,有机融入包含骨干路系统、游览路系统、林间路系统、田间路系统等在内的城市路网和绿色生态廊道建设,实现了天津城市生态景观、人文节点、交通网络的高品质串联,真正做到了"以路为引、以林为主、以田为辅、以水相衬",使绿色生态屏障成为城市可持续发展的有机组成部分。

(三)绿色发展动能不断增强

绿色生态屏障区积极通过产业生态化增强绿色发展动能。一是积极布局先进制造业发展,以产业链思维抓产业招引培育,重点发展智能制造、大数据和人工智能、医疗器械、新材料 4 条主导产业链;以智能科技、新能源、新材料和生物医药等为主导产业,导入、培育一批行业领军企业和标杆企业,建设智能工厂和数字化车间;推动国家级车联网先导区、荣钢 5G 绿色智能工厂、金港华高端精密制造产业基地、阿里云创新中心、华为物联网、海尔智慧工厂等一批绿色智能项目落地,推进制造业转型升级。二是努力打造科技创新驱动发展新高地,以海教园等优势区域为龙头抓手,以企业为主体、以产业为载体、以教育为母体、以价值为驱动,依托教育链、围绕产业链、开发人才链、提升价值链,营造"产学研用金、才政介绿云"十联动创新发展生态。紧密围绕"产教融合、产业升级、创新创业、产业引育"四轮驱动工作机制,推进创新发展聚集区建设。三是提升工业园区绿色发展水平,拆除违法建筑,关停"散乱污"企业,工业园区由 65 个撤销整合到 17 个,并将其中的个 5 个园区分别通过委托代管、合作共建、"一区多园"等模式与国家级和市级园区进行整合,基本实现"统一管理运营、统一规划建设、统一招商引资",园区管理水平和产出效益有了较大提升。

(四)生态价值转化稳步推进

绿色生态屏障区按照生态产业化思路将生态优势转化为发展优势。一是大力发展绿色循环农业,绿屏区域全面实施土地综合整治和高标准农田建设,着力提高土地产出效益。绿屏年度种植 8 万亩小站稻,亩产平均超过 1000

斤，产值超过1.6亿元；稻蟹混养一田双收，实施稻蟹立体种养2.5万亩，实现"一水两用、一地双收、稳粮增效、稻渔双赢"。二是探索林地生态价值多渠道转化，林下经济探索多点开花，积极探索林下种植天麻、天南星等药材，培育紫花苜蓿、波斯菊等花卉，林下间种大豆等，林下养鸡等；探索林权流转，其中津南区林权流转业务共计成交113笔，累计成交金额27.45亿元；多头推动林业碳汇交易，津南区、宁河区完成首批碳汇开发核证工作，滨海新区制定了《滨海新区林业碳汇项目实施方案》，东丽区与亿利集团就林草湿地碳汇项目合作达成协议，截至2024年，绿屏内8950.56亩林木完成林业碳汇一期项目，以减排量每吨72.17元的价格，突破性实现生态转化价值108万元。三是开展"生态+"产业、商业模式创新。大力发展健康养老、会展商务、文化创意、信息服务等重点产业，依托优越的生态环境基础，深挖历史人文资源、工业遗产资源，探索富有地方特色的"生态+"产业发展，实施打造一批融合游客接待、住宿垂钓、亲子娱乐、生态营地、餐饮超市、展览展销、农学研究、体育攀岩、房车露营、观光夜游、工业旅游等业态为一体化的综合旅游休闲街区；开展生态驿站试点运营，积极开创多元化、强IP、精场景、大规模的天津市户外新消费场景典范，举办夏日电音节、春季摄影展、丰收节、半程马拉松等活动，累计接待游客达到208.7万人次，实现经济收入9363.23万元，生态游取得明显成效。

（五）富民振兴效应叠加释放

绿色生态屏障建设赋予屏障区居民生活更多活力。一是开展人居环境综合整治，通过厕所革命、垃圾分类及市政收运、环境绿化美化、道路提升、河道治理、公共休闲场所建设等工作，极大提升了农村生活环境品质。二是依托土地流转增强农村社会活力。将193个村庄纳入城镇化建设，通过新建设施齐全的绿色现代化社区，让村民群众过上了现代化生活；在保留下来的30个村庄推动美丽乡村建设，注重为村内百姓提供文娱健身休闲空间保障，民间秧歌队、民乐队等农村社会文化生活日益丰富；深挖屏障区内漕运文化、小站稻文化、军粮城工业文化在内的各类文化资源，凸显深厚的文化积淀。三是建设通过"生态修复+绿色种养"的方式，全方位推动农村产业振兴，实现生态产业惠农富农。保留村庄建设集循环农业、创意农业和农事体验于一体的田园综合体,开展特色旅游项目建设,启动了胡张庄田园综合体、葛沽镇民俗文化旅游区、葛沽佳沃农业产业公园、东丽湖自然艺苑等项目,促进休闲农业、乡村旅游、乡村康养、乡村体育、农产品加工流通、新型服务业等符合相关规定的农村一二三产业融合发展。

三 绿色生态屏障区建设面临新形势新要求

屏障区建设取得巨大成效的同时,也面临"提升善建善营善管善治水平"现实挑战和"两化路"转化难题,同时,绿色生态屏障区建设也面临一系列新形势和新要求。

一是加速源头端自然资源确权登记。当前,自然资源确权登记工作持续推进,但在生态资产确权过程中,权属争议问题影响开发利用,阻碍规模化、批量化整合,加快确权登记进度成为推动生态价值转化的首要任务。

二是明确生态产品价格与交易机制。生态产品价格的不确定性制约了其市场流通。需通过建立"看得出""信得过"的价格体系,实现生态价值的显性化,确保生态产品"卖得出""收益好"。

三是拓宽生态产品盘活路径。屏障区内生态产品转化项目众多,生态产品价值实现路径有待拓宽。林地可通过文旅开发提升价值,农产品需加强与农业、服务业的深度融合,拓展价值链,也需要进一步挖掘"叠加态"的文化生态产品。

四是后续建设和管护需要持续的资金投入,仍需拓宽资金来源方式。财政对屏障区建设和管理投入难以满足实际需求,后期建设管理和运营维护投入存在资金压力大等问题。企业通过市场化运营资金需求较大,部分农林经济产业投资大、周期长,企业面临融资难的问题。

四　持续推动绿色生态屏障区发展与效益转化的对策建议

坚持以习近平生态文明思想为指导，学好用好"两山论"、走深走实"两化路"，持续发挥屏障区建设示范样本作用，进一步夯实生态基底，高效促进生态价值转化，把绿屏建设好、维护好、利用好，增强屏障区高质量发展效能。

一是提升绿屏区生态价值。加强生态环境巩固和完善，坚持"三分建七分管"，注重后续保养和管理工作。持续提升绿屏生态系统服务功能，坚持生态廊道、生态保育、农林复合、滨河生态、滨湖生态"五位一体"的系统功能。探索"碳汇资源"市场发展路径，强化生态资源产权市场建设，围绕碳汇市场化，提前谋划布局，增强碳汇储备基础，推动林业碳汇等项目开发与备案，不断开发和扩大碳汇产品。

二是着力推进生态产业化。做好森林经营，探索林下经济发展，强调"产业化"逻辑，通过市场化开发、社会化生产实现生态资源增值。做优"土特产"，加快农业与精深加工、创意设计、康养、旅游等业态深度融合，同时向生物科技、食品装备等领域延伸，大力发展高值化产品和功能保健型食品，不断提高农产品附加值。推动农产品交易模式创新及业务拓展，推进"津农精品"等特色品牌塑造。深挖民俗文化、特色村落、非遗研学等资源，搭建屏障区农文旅资源数据库，打造内生、联动、外延等多类型主题旅游线路，培优乡村旅游特色品牌，创新农产品 IP 经济区 + 农文旅体验经济区 + 生态康养银发经济区 + 会展首发经济区等多元消费场景。

三是加快推进产业生态化。围绕天津"1 + 3 + 4"现代工业产业体系，积极推进高新智能产业发展，打造津南区智能精益电子装备产业园、西青区智能网联汽车主题园、滨海高新区细胞谷等主题产业园区，建设一批绿色工厂、绿色供应链、绿色产品、绿色工业园区等绿色制造示范单位，带动屏障区内产业绿色转型升级。同时，充分利用、加快盘活屏障区土地、会展、科创资源，吸引绿色低碳的高能级企业入驻，提升屏障区高质量发展的能级。

四是加大金融支持力度。引导绿色金融贷款支持绿色项目或绿色化转型项目,打造具有天津特色的“产业+绿色金融”产品,为特色农林产品开发特色信贷。大力引入社会资本广泛参与,广泛纳入银行、证券、保险、信托、融资租赁、第三方绿色认证机构等主体,开拓普惠林业贷款、普惠林业保险等创新金融服务产品,为屏障区生态优势转化为发展优势创造有利条件。鼓励金融机构创新金融组合方式,助推生态产品价值系统性、规模性、高值性转化。

本文系天津市哲学社会科学规划一般项目“ESG对绿色就业的影响机制与促进策略研究”(TJYJ24-008)阶段性成果

参考文献:

[1]《天津市双城中间绿色生态屏障区规划(2018—2035年)》,2017年。

[2] 朱健:《着眼新发展阶段贯彻新发展理念助推天津全面建设新发展格局——访天津市规划和自然资源局党委书记、局长陈勇》,《求知》2021年第4期。

[3] 段春祥、娄书荣:《天津依托绿色生态优势打好“文旅牌”》,《自然资源报》2023年11月13日。

天津生物多样性保护与提升现状研究

天津市水产研究所课题组①

摘　要： 坚持人与自然和谐共生，保护生物多样性是中国式现代化的生态文明底色。典型内陆水域流域建设与生物多样性保护是美丽天津建设的重要抓手。近年来，天津持续推动生物多样性公约落实落细，积极践行“绿水青山就是金山银山”发展理念，进一步强化生物多样性保护与修复，助力天津典型内陆水域流域生物多样性提升，推进生态文明高质量发展。但在强化生态空间开发与利用、完善就地保护机制、健全创新技术体系等方面依然存在一些挑战和问题，需要从完善顶层设计、强化联保共治、数字技术赋能等方面入手解决。

关键词： 内陆水域　生物多样性　生态文明

保护生物多样性是中国式现代化的生态文明底色。深入贯彻落实习近平主席在联合国生物多样性峰会上的重要讲话精神，深刻领悟生物多样性对人类生存和发展的重要意义，“着力提升生态系统多样性、稳定性、持续性”是天津生物多样性保护和提升的行动指南。近年来，天津市委、市政府高度重视生物多样性保护工作，坚持“留白、留绿、留璞”，持续高标准推进生态文明建设和

① 执笔人：戴媛媛、郭彪、李文雯、马金珑、宁鹏飞。其中，戴媛媛，天津市水产研究所高级农艺师；郭彪，天津市水产研究所正高级农艺师；李文雯，天津市水产研究所高级工程师；马金珑，天津市水产研究所助理政工师；宁鹏飞，天津市水产研究所工程师。

生物多样性保护工作,通过加强政策规划引领保障,持续优化生物多样性保护体系建设,生物多样性保护机制持续健全,生态系统格局整体稳定、生态系统质量持续改善、生态系统服务功能不断增强、区域生态保护修复成效显著、生物多样性保护水平逐步提高。

一　天津生物多样性保护成效

(一)生物多样性保护体系不断健全

天津生态环境保护政策体系建设持续优化,相关地方性法规、规章和规范性文件不断完善。如《天津市生态文明建设规划》《天津市生物多样性保护行动计划》系统指导生态保护红线的划定、重要生态区域的保护及生物多样性监测等,为生物多样性保护提供了政策依据和实施框架。《天津市生物多样性保护战略与行动计划(2011—2030)》具体提出了近期、中期及远期生物多样性保护的行动目标,以及覆盖生产、生活和生态空间的布局和活动要求。天津颁布实施了生态环境保护的综合条例和野生动物、渔业、湿地、海洋、自然保护区等专项保护和管理条例,以及《天津市水生生物资源养护工作规范》,进一步强化生物多样性和生态环境保护力度。同时,天津建立了多部门协同的生物多样性保护工作机制和生物多样性数据中心,推动环保部门、农业部门和科研机构等信息共享和资源整合,为科学决策和政策制定提供有力支撑。

生物多样性保护监管体系日益健全。持续完善生态环境监测系统,逐步强化濒危物种及其栖息地跟踪监测,获批天津市首个自然资源部野外科学观测研究站。建立多元化的监测体系,采取遥感技术与地面调查相结合,确保对生物多样性及其栖息环境的全面评估和动态跟踪。按照“自然保护地扩张—景观阻力面构建—生态廊道提取—连通网络优化”框架,结合运用 GIS 与大数据技术,为典型内陆水域生物多样性提升提供“天津方案”。天津南港湿地和盘山水库的生态系统监控与修复实践尤为突出,区域内种群丰富度提升 40%。同时,关键技术的不断创新为生物多样性的保护与提升提供了强有力的支持,如创新性应用遥感技术完成天津湿地面积的监测任务。

（二）生物多样性保护空间格局逐渐形成

建立自然保护地是国际公认的就地保护生物多样性最有效的手段。天津通过高水平保护提升自然保护地、生态红线、关键生态廊道等重要生态空间的多样性、稳定性和持续性，高质量保育生物多样性。天津自 1984 年确定国家级自然保护区以来，已建立国家级公园、自然保护区和各类自然公园等自然保护地 13 个。按照全球及国家生物多样性保护战略要求，系统优化生物多样性保护空间格局，形成以国家公园为主体的自然保护地体系为核心、其他有效的区域保护措施为补充、生态保护红线为基础，以及重要的生态廊道、湿地、海洋等自然生态保护修复区域为支撑的空间格局，已形成以湿地自然保护区为基础，湿地公园、海洋公园为补充的湿地自然保护地体系。其中，推进实施生态保护修复和生物多样性保护，北大港、七里海、大黄堡、团泊等湿地自然保护区内生态环境逐渐回归自然状态；持续打造东部国际蓝色海湾带，实施“蓝色海湾”整治修复，推进生态廊道、岸线岸滩修复、滨海湿地修复和生态扩容等工程，修复岸线长度达 23 公里，修复滨海湿地面积达 1180 公顷；推动滨海国家海洋公园实施建设，新建提升“口袋公园”300 个以上，经国家批准建设的湿地类型自然公园达到 5 个。目前，全市湿地总面积达到 2956 平方公里，湿地保护率超过 59%，生态补水和水环境治理工作取得实效，湿地退化现象得到有效遏制，生物种群数量逐年上升，湿地生物链恢复显著，生态系统功能和生物多样性保护明显改善，人与湿地和谐共生的美好愿景正在变为现实。全市生态保护红线生态功能逐步提升，重要生态系统面积显著增加，生态环境状况和生物多样性得到有效提升。

（三）生物多样性丰富度逐步提升

近年来，天津典型内陆水域流域生物多样性丰富度逐步提升。以蓟州湿地为例，经过生态修复，湿地的自然环境得到了显著改善，水域面积扩大，水质提升，吸引了包括水鸟、两栖动物及鱼类在内多种生物的回归。典型流域内的植被恢复项目显著提升了生物多样性。强化原生植物保护与种植,通过提升植被覆盖率,改善土壤质量、增强水源涵养能力,进而改善生态系统结构,为众多动物提供良好栖息和觅食的环境。2023 年,生态质量持续稳定,首次在涉农区开展野外调查,10 个区踏查覆盖面积 4319 平方公里,完成踏查线路 883 条,踏查距离 19586 公里,此外,记录物种数达 8309 条,展现出物种种类覆盖广的特点。通过对典型流域内生物种类的定期调查与数据记录,及时了解生物丰富度变化情况,生物多样性提升和生态系统的可持续发展逐步彰显。

生物生境持续改善。通过构建人工湿地、生态浮岛、生态基地等技术,有效降低氮磷等污染物水平,改善内陆水域生态平衡,促进水生生物栖息与繁衍。通过优化生态廊道建设,助力生物迁徙和基因交流,减少孤立种群的生态风险,健全生态网络建设,促进生物多样性和生态系统整体健康稳定。2023年,统筹利用多种水源向全市河湖湿地生态补水约 14 亿立方米,持续推动河湖生态环境向好。强化跨界河流上下游协同共治,大运河天津段、永定河等生态环境质量综合维持良好水平。持续实施第三轮引滦入津上下游横向生态补偿协议,引滦入津水环境质量稳步提升。积极开展美丽河湖建设,子牙河(红桥区段)入选生态环境部第二批美丽河湖优秀案例。

(四)生态系统服务功能持续加强

天津通过生物多样性保护增强了供给服务、调节服务、文化服务等生态系统服务功能。《2024 年渔业统计年鉴》显示,天津渔业资源呈现向好的趋势,在禁渔、限渔等保护措施的推动下,鱼类等水产品资源量逐渐增加,渔业生产能力得到提高;随着科技不断进步,渔民生产方式逐渐现代化,渔民生产效益不断提高,水产品产量持续增长;远洋渔业发展迅速,逐步由近海养殖向深远海拓展。生物生境改善、粮食生产及生物资源的可持续利用充分显示出生态系统供给服务的提升。通过强化湿地保护、健全生态廊道、加强生态修复,从“防、减、救”全链条纾解天津夏季主汛期典型内陆水域生态系统调节服务。生态系统文化服务结合绿色发展的新时代背景,展现出新时代生态实践新风貌,2024 年,宁河区大力实施七里海湿地保护修复“十大工程”,生态环境日益改善，生物多样性稳步提升，同步探索生态价值实现路径，“生态＋农业”“生态＋文旅”“生态＋赛事”“生态＋研学”等多元化转化机制不断完善，2023年天津七里海湿地签订北方首个绿色生态保单，在碳汇保险、生物多样性保护保险、特色农业保险等方面实践成效显著。

（五）生物多样性保护氛围日渐浓厚

生物多样性科普不断深入，公众保护意识逐渐加强。近年来，天津生物多样性科普力度进一步加大，社会各界对生态环境保护的关注不断提升，保护意识逐渐加强。天津市规划和自然资源局、天津自然博物馆、天津海洋博物馆、天津市水产研究所等相关行政和事业单位充分履行职能，开展专家宣讲、“中国科协”科技周等生物多样性保护科普活动，市科技局持续加强科普项目的资助力度，助力科普事业高质量发展，115家单位获评天津市科普基地。同时，依托“美丽中国，我是行动者”系列活动，广泛深入引导市民深入掌握生物多样性保护知识。各涉农区积极响应政策号召开展宣传科普工作，宝坻区、滨海新区、宁河区等多个区开展“国际生物多样性日”宣传活动，扩大科普宣传的覆盖面，营造浓厚的保护生态环境的氛围。国网天津电力、天津港集团等国有企业积极承担社会责任，开展保护生物多样性相关科普和宣传，引导职工群众广泛树立“绿水青山就是金山银山”理念。在教育领域，多所高校、中小学和社区开展生物多样性相关课程和生态观察、环保知识竞赛等科普活动，如2024年9月，天津大学建筑学院举办以“城市生物多样性与绿色低碳”为主题的专题科普报告会，在开展科普的同时探讨维护好城市生物多样性、建设美好宜居城市的发展方向。

公益性服务持续开展，践行生物多样性保护渠道不断拓宽。天津针对生物多样性保护开展公益性服务，2024年建立专门机构“天津市野生动物救护驯养繁殖中心（中心城区）收容救护点”，创新突破天津野生动物救护模式，生物多样性保护工作正逐步实现“东西南北中”全覆盖。生物多样性志愿者活动蓬勃发展，多个环境保护组织和政府部门组织开展植树、湿地恢复、野生动物监测等项目，吸引了大量市民积极参与。目前，天津共有注册志愿者265.4万人，且呈现逐年增长趋势，注册志愿服务团队16811支，日益壮大的志愿服务队伍将持续助力生物多样性保护。同时,结合天津生物资源优势,市文化和旅游局发力构建具有创新性、体验性与教育性的湿地旅游线路,助力生物多样性保护多样态渗透公众生活。

二 面临的挑战与问题

(一)生态空间开发与利用仍需进一步优化

天津内陆水域中有河流水面 254.75 平方公里、水库水面 367.29 平方公里、坑塘水面 369.87 平方公里、沟渠 728.30 平方公里。天津把提升“871”重大生态工程“水库、粮库、钱库、碳库”功能,构筑“河流环抱”“湿地围城”的良好生态格局作为湿地保护修复的重点工作,内陆水域的保护、开发和利用取得了一定的成效,但是距国际国内先进水平仍有一定差距,内陆水域保护、开发和利用工作有待进一步加强。

一是生态功能区格局有待进一步细化。天津市内陆主要水域均有保护区、开发利用区、缓冲区等一级功能区划,以及开发利用区中划分的饮用水源区、工业用水区、农业用水区、景观娱乐用水区、渔业用水区、过渡区和排污控制区等二级水功能区划。但在具体功能区内缺少更为详细的功能分级体系、以及同一功能区对于其他功能的兼容性规划。

二是生态红线管控力度有待进一步加强。依据《天津市人民代表大会常务委员会关于加强生态保护红线管理的决定》,生态保护红线内仅允许对生态功能不造成破坏的有限人为活动。目前,天津市生态管控主要依据人员的管理或巡察,缺少系统性的管控措施。比如尚未构建包括可视化管理、台账数据库管理和监测预警管理等精准掌握生态保护红线区域范围、保护要求、生态现状、检测和预警生态风险,可实现信息共享、项目管理、监测预警等业务功能,为多部门联动监管提供技术支撑和服务决策支持的全市统一的生态红线数字化共享平台。

三是生态系统恢复有待进一步优化。目前天津市就内陆水域生态系统恢复开展了污染源控制、保护能力提升建设、水源涵养、水土保持、增殖放流等生态修复措施。在上述措施中，主要强调自然恢复，辅助人工修复，切实贯彻了以生态保护为主的导向。但是在一些特定的生态系统中，某些特定的资源无法靠自然力量恢复。如七里海湿地自然保护区中的河蟹资源，由于洄游通道不畅，七里海河蟹无法通过自身繁育保持自然资源量，需要采取更加优化的修复措施来保障其资源的维持。

（二）就地保护机制仍需进一步健全

一是湿地恢复与重建仍需进一步实践。虽然天津市在湿地恢复与重建方面开展了生态补水、强化湿地管控等措施，但是一些关键性的问题尚未完全解决，比如水系联通不畅，松江鲈、中华绒螯蟹等重要水生生物洄游通道阻断等问题。如何在相关水利设施建设的同时，为这些重要水生生物保留洄游通道，需要在设计中充分考虑并在实践中加以验证。

二是生物资源可持续利用模式有待进一步优化。天津内陆水域有众多生物资源具有较高的利用价值，如七里海河蟹。目前，七里海湿地缺乏系统性的可持续利用模式，造成管与不管两难的局面，缺少具有生态和谐、稳定资源量和生物多样性三大特征的生物可持续利用模式，如融合增殖放流、限额捕捞、品牌打造与管理的七里海河蟹可持续利用模式。

三是生物多样性保育及生态服务有待进一步提升。通过在天津内陆水域实施一系列保护和修复措施，生物多样性提高、水域的生态服务价值增加。但是生物多样性和生态系统仍然脆弱，一些措施在制定时没有将人类纳入生态系统加以考虑。比如七里海湿地几乎禁止渔业开发利用，人类捕捞行为的缺失会导致该水域生态系统凶猛鱼类缺少天敌，存在生态风险。因此需要进一步结合生物资源可持续利用，全方位提升生物多样性保育能力、凸显湿地的生态服务价值。

（三）创新技术体系有待进一步发展

一是生物多样性创新平台还需进一步完善。天津地区开展关于内陆水域生物多样性研究的单位较多,各个单位均有自己的生物多样性研究平台。但是这些研究平台创新水平参差不齐、调查研究数据缺乏统一标准。尚未建立统一的天津生物多样性大数据平台、监测网络和完善齐全的种质资源库,尚不能完全面向政府部门提供标准化、可视化服务。

二是生物多样性核心技术仍需集中攻关。保护生物多样性核心层次是保护生态系统的多样性,目前采用的保护措施大多是普适性的,缺乏针对特定生态系统开展核心技术研究。在水域生态修复和生物多样性保护中,增殖放流是一项重要的技术手段,但是不同水域的增殖容量、增殖生物对于内陆水域食物网结构的调节和影响尚没有明确结论。在水生生物多样性调查技术研究中,对于专业技术的业务水平和知识储备依赖性较高,缺乏标准化简易的调查技术手段。

三是生物多样性队伍建设仍需加大力度。天津市存在多家具备开展水生生物多样性调查和研究的队伍,其隶属于生态环保、国土资源、农业等不同部门,但是不同领域的生物多样性队伍在技术优势领域、受资助水平方面存在较大差异。因此,需要从天津市层面确定不同技术领域的生物多样性队伍建设规划,并予以资金和人员支持,发挥各自队伍的优势,为天津水生生物多样性保护奠定基础。

三 提升生物多样性的对策建议

(一)加快构建生物多样性发展规划

天津需要构建更细致、更明确、分步骤、分阶段的生物多样性保护的相关发展规划和实施细则。立足天津目前物种数量、生态环境实际,制定新时期生物多样性保护战略,部署生物多样性主流化、应对生物多样性丧失威胁、生物多样性可持续利用与惠益分享、生物多样性治理能力现代化等优先领域,力求广泛涵盖法律法规、政策规划、执法监督、宣传教育、社会参与、调查监测评估、保护恢复、生物安全管理、城市生物多样性、气候与环境治理、投融资、国际履约与合作等内容，制定《天津市生物多样性保护战略与行动计划（2025—2030年）》，颁布《天津市水生野生动物科普宣传实施细则》《天津市野生动物保护条例》等一系列管理办法，用清晰的“路线图”“施工图”提升天津生物多样性保护各项工作的开展实效。

（二）加快推进生物多样性补偿机制制度

生态保护补偿制度作为生态文明制度的重要组成部分，是落实生态保护权责、调动各方参与生态保护积极性、推进生态文明建设的重要手段。要坚持和加强党的全面领导，统筹谋划、全面推进生态保护补偿制度及相关领域改革，加强各项制度的衔接配套。按照生态系统的整体性、系统性及其内在规律，完善生态保护补偿机制，促进对生态环境的整体保护。要充分发挥政府开展生态保护补偿、落实生态保护责任的主导作用，积极引导社会各方参与，推进市场化、多元化补偿实践。逐步完善政府有力主导、社会有序参与、市场有效调节的生态保护补偿体制机制。加快推进法治建设，运用法律手段规范生态保护补偿行为。要清晰界定各方权利与义务，实现受益与补偿相对应、享受补偿权利与履行保护义务相匹配。健全考评机制，依规依法加大奖惩力度、严肃责任追究。建立与天津经济社会发展状况相适应的生态保护补偿制度，为维护国家生态安全、奠定中华民族永续发展的生态环境基础提供坚实有力的制度保障。

（三）不断深化生物多样性依法治理机制

习近平总书记指出：“保护生态环境必须依靠制度、依靠法治。”天津需要出台相关法律法规，完善违法活动举报机制、畅通举报渠道，强化信息公开机制，保障公众知情权，让治理破坏生物多样性的行为有法可依。

天津需要将生物多样性纳入经济社会发展的主流，聚焦生物多样性保护、可持续利用和惠益分享，用系统的方法构建综合协调、逻辑清晰、科学智慧的生物多样性治理体系。一是构建天津生物多样性区域合作。针对不同区域生物多样性保护，围绕生态系统、物种和生物遗传资源进行合作调查，弄清本底和变化。二是构建生物多样性协同监测体系。将生物多样性监测纳入国家、全市生态环境监测网络,将生态环境、自然资源、农业农村、渔业渔政等部门协同在一起,统一进行监测和评估,评估趋势变化,打造智慧生物多样性监测体系。三是构建生物多样性公众参与体系。构建政府主导、社会参与的生物多样性教育、培训和宣传体系。营造“人人有责,共治共享”的良好氛围。

(四)数字赋能生物多样性保护和生态产业发展

习近平总书记在全国生态环境保护大会上指出:“深化人工智能等数字技术应用,构建美丽中国数字化治理体系,建设绿色智慧的数字生态文明。”当前,数字化和绿色化相互融合、相互促进,推动生物多样性保护,发展相关产业,需要以数字化赋能,为实现人与自然和谐共生的现代化提供有力支撑。天津要发挥数字技术在生物多样性保护中的支撑作用,加快人工智能、物联网、云计算、数字孪生、区块链等新兴技术与生物多样性保护深度融合。在产业发展方面,要以绿色低碳转型为导向,推动产业结构由高碳向低碳零碳排放转变、由低端向高端转型升级,为生物多样性保护提供有利于经济发展的生态环境基础。此外,要培育数字化和绿色化相结合的产业,推动天津生态安全、节能环保等数字化融合工程,加快数字技术在节能环保、自然生态管护领域的应用,推动形成以生态环保数据精准监测、科学决策辅助和智能环保设备等专业化数字化生态产业发展。加快建立数字技术与生态产业融合发展的引导机制、激励机制、多方协同投入机制、科学评估机制、法律法规保障机制,巩固生态产业数字发展的条件保障,破除生态产业数字发展的制度壁垒,让生态产业大放光彩。

参考文献:

[1]《生物多样性公约》,联合国官方网站,https://www.un.org/zh/node/71979。

[2]《生态环境部发布〈中国生物多样性保护战略与行动计划(2023—2030年)〉》,中

华人民共和国中央人民政府，2024 年 1 月 18 日，https://www.gov.cn/lianbo/bumen/202401/content_6926868.htm。

［3］《市生态环境局 市规划资源局 市农业农村委 市财政局 市水务局 市城市管理委关于联合印发〈天津市生物多样性保护战略与行动计划（2024—2030 年）〉的通知》，天津市生态环境局，2024 年 11 月 14 日，https://sthj.tj.gov.cn/YWGZ7406/HJGL7886/ZRST8529/ZRSTGLXX1530/202411/t20241114_6779376.html。

［4］《中共天津市委天津市人民政府关于全面推进美丽天津建设的实施意见（2024 年 7 月 29 日）》，天津市人民政府，2024 年 10 月 14 日，https://www.tj.gov.cn/zwgk/dzhhxx/202411/t20241120_6785052.html。

［5］《天津市环境状况公报（2023 年）》，天津市生态环境局，2024 年 6 月 5 日，https://sthj.tj.gov.cn/YWGZ7406/HJZL9827/HJZKGB866/TJSLNHJZKGB6653/202406/t20240607_6645012.html。

天津制造业绿色低碳转型实践与推进策略研究报告

孙振清　天津科技大学碳中和研究院教授
温丹辉　天津科技大学经济与管理副教授
陈奕林　天津科技大学经济与管理讲师

摘　要： 天津制定了一系列促进制造业高质量发展和绿色转型的规划方案和专属政策，政策效应不断释放，新兴动能不断蓄积，培育了一大批绿色转型代表性企业。取得了优异成绩的同时，天津制造业绿色低碳转型也面临一系列挑战，需要各相关方在理念、协同、政策细节、具体执行程序等方面加以改进。最后，提出了以绿为魂、理念统一，上下协同；整合力量、协同创新，推动转型；市场导向，头部引领，抢占先机；精细管理，内外兼修，绿色发展；优化产业链结构，实现内涵式高质量发展五项建议。

关键词： 制造业　绿色低碳转型　高质量发展　科技创新

一　天津制造业现状

天津是中国重要的工业化城市，天津市工业占比在国内主要城市中占比较高（见图1），2023年天津市地区生产总值达到1.67万亿元，比2022年增长4.3%（不变价格），一二三产业增加值占国内生产总值的比重分别为 1.6%、35.7%、62.7%[①]。第二产业占比与 2020 年（35.1%）相比，回升了 0.6 个百分点。

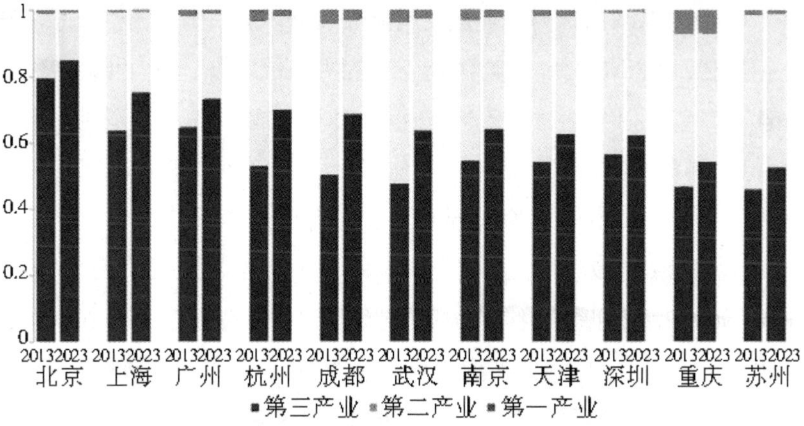

图 1　部分重点城市 2023 年与 2013 年三产结构对比

数据来源：国家统计局：《各城市 2023 年国民经济和社会发展统计公报》。

制造业为天津经济带来活力的同时，也为天津绿色低碳转型带来了压力。中共中央、国务院印发的《京津冀协同发展规划纲要》赋予天津全国先进制造研发基地、北方国际航运核心区、金融创新运营示范区、改革开放先行区的“一基地三区”功能定位。加快推动制造业发展，建立全国先进制造研发基地，对于天津经济社会高质量发展具有重要意义。制造业绿色低碳转型成为天津实现生态文明建设突破的重点、打造高质量发展动力源的重要途径，对于统筹推进“五位一体”总体布局和协调推进“四个全面”战略布局，实现“两个一百年”奋斗目标和中华民族伟大复兴的中国梦，具有重大现实意义和深远历史意义。

二　天津制造业绿色低碳转型政策支持

天津为推进制造业绿色低碳转型制定了一系列政策、规划，进一步继承、整合、升级、优化，以政策支持为导向，引导企业积极响应国家发展战略，落实

① 《2023 年天津市国民经济和社会发展统计公报》，天津市统计局，2024 年 3 月 18 日，https://stats.tj.gov.cn/tjsj_52032/tjgb/202403/t20240318_6563697.html，访问时间：2024 年 10 月 28 日。

国家产业规划,加快推进新型工业化。

2021 年 5 月,天津市工信局发布了《天津市产业链高质量发展三年行动方案(2021—2023 年)》,着眼提升产业链发展能级和整体竞争力,强化串链、补链、强链,做强信息技术应用创新、生物医药、新能源、高端装备、汽车和新能源汽车 5 条“强链”,壮大车联网、新材料 2 条“新链”,延长集成电路、绿色石化、航空航天 3 条“短链”,培育一批链主企业,推动产业链上下游、产供销整体配套。①

2021 年 6 月,天津市政府发布《天津市制造业高质量发展“十四五”规划》,提出以智能制造为主攻方向,坚定不移走创新驱动之路,大力发展战略性新兴产业,加速制造业高端化、智能化、绿色化发展,打好产业基础高级化、产业链现代化攻坚战,全面提升产业链供应链竞争力,着力构建现代工业产业体系,强化制造业对天津经济发展的引领支撑,加快建设制造强市,打造人工智能先锋城市和全国领先的信创产业基地,成为国家制造业高质量发展示范区,基本建成全国先进制造研发基地。立足全国先进制造研发基地定位,围绕产业基础高级化、产业链现代化,以智能科技产业为引领,着力壮大生物医药、新能源、新材料等新兴产业,巩固提升装备制造、汽车、石油化工、航空航天等优势产业,加快构建“1 +3 +4”现代工业产业体系,推动冶金、轻纺等传统产业高端化、绿色化、智能化升级,打造制造强市。②

2022 年 3 月 29 日,发布实施《天津市人民政府关于印发天津市加快建立健全绿色低碳循环发展经济体系实施方案的通知》,提出到 2025 年,产业结构、能源结构、运输结构明显优化,绿色产业比重显著提升,能源资源利用效率大幅提高,主要污染物排放总量持续减少,碳排放强度明显降低,市场导向的绿色技术创新体系更加完善,政策制度体系更加健全,绿色低碳循环发展的生产体系、流通体系、消费体系初步形成,工业战略性新兴产业增加值占规模以

① 《关于印发天津市产业链高质量发展三年行动方案(2021—2023 年)的通知》,天津市工业和信息化局,2021 年 5 月 10 日,https://gyxxh.tj.gov.cn/ZWGK4147/ZCWJ6355/sjwj/202105/t20210510_5447182.html,访问时间:2024 年 10 月 28 日。

② 《天津市人民政府办公厅关于印发天津市制造业高质量发展“十四五”规划的通知》,天津政务网,2021 年 7 月 1 日,https://www.tj.gov.cn/sy/ztzl/ztlbone/dzcywzcxzt/zfwj/bdwj210805/202108/t20210805_5526116.html,访问时间:2024 年 10 月 28 日。

上工业增加值比重达到40%,国家高新技术企业数量达到11600家,非化石能源消费比重力争达到11.5%以上,单位地区生产总值能源消耗降低14.5%,空气优良天数比例达到68%。到2035年,绿色发展内生动力显著增强,绿色产业规模迈上新台阶,重点行业、重点产品能源资源利用效率达到国际先进水平,绿色生产生活方式广泛形成,碳排放达峰后稳中有降,生态环境根本好转,基本建成生态宜居的社会主义现代化大都市。①

2023年4月,天津发布《天津市推动制造业高质量发展若干政策措施》,大力实施制造业高质量发展行动,吸引重大项目落地天津,并对12条重点产业链提供专属政策支持,积极推动产业高质量发展,提高产业能级,提升制造业创新能力,促进制造业转型升级,打造全国先进制造研发基地,具体措施包括:发挥重大项目关键性作用;加强专属政策支持;壮大企业规模;推动战略性新兴产业发展;支持产业集群集聚发展;梯度培育制造业优质企业;推进产业数字化转型;推进产业绿色化转型;推进产业服务化转型;搭建制造业创新平台;支持产业技术创新;支持新产品推广应用;强化制造业土地、人才、资金、数据等要素支持与保障。②

随后发布了一系列行业政策与行动方案:2023年9月发布《天津市加快新能源和智能网联汽车产业发展实施方案(2023—2027年)》,推动汽车产业向新能源化、智能网联化、高端化转型升级,提出到2027年,新能源汽车产量占全市汽车总产量比重达到45%,将天津打造成为北方重要的新能源汽车生产基地和全国重要的智能网联汽车示范应用与成果转化城市。③ 2024年4月发布《天津市钢铁工业转型升级行动方案(2024—2027年)》,鼓励钢铁企业开展

---

① 《天津市人民政府关于印发天津市加快建立健全绿色低碳循环发展经济体系实施方案的通知》,天津政务网,2022年3月29日,https://www.tj.gov.cn/zwgk/szfwj/tjsrmzf/202203/t20220329_5842788.html,访问时间:2024年10月28日。

② 《天津市人民政府办公厅关于印发天津市推动制造业高质量发展若干政策措施的通知》,天津政务网,2023年4月18日,https://www.tj.gov.cn/zwgk/szfwj/tjsrmzfbgt/202304/t20230418_6209201.html,访问时间:2024年10月28日。

③ 《天津市人民政府办公厅关于印发天津市加快新能源和智能网联汽车产业发展实施方案(2023—2027年)的通知》,天津政务网,2023年9月12日,https://www.tj.gov.cn/zwgk/szfwj/tjsrmzfbgt/202309/t20230928_6419413.html,访问时间:2024年10月28日。

技术创新和装备升级,推广新应用、拓展新市场,成为转型升级的推动者、受益者。未来4年天津市钢铁工业将积极推动减污降碳协同治理,加快推进绿色低碳改造。[①] 2024年7月发布《天津市加快废弃物循环利用体系建设实施方案》,提出到2030年建成覆盖全面、运转高效、规范有序的废弃物循环利用体系,各类废弃物资源价值得到充分挖掘,再生材料在原材料供给中的占比进一步提升,资源循环利用产业规模、质量显著提高。[②] 2024年9月发布《天津市工业技术改造行动方案(2024—2027年)》,要求在市场主导、政府引导,鼓励先进、淘汰落后,目标引领、梯次推进方针指导下,积极抢抓大规模设备更新和消费品以旧换新带来的市场机遇,实施工业技术改造升级工程,拉动技术改造有效投资,提高先进产能、中高端产品、绿色产品比重,提升高端制造、智能制造、绿色制造、服务型制造水平。[③]

三 天津制造业绿色低碳转型进展及成效

一系列政策取得了积极的成效,制造业绿色低碳转型的政策效应正在不断释放,新兴动能不断蓄积。

(一)能耗强度与碳排放强度持续降低。

党的十八大提出了社会主义经济建设、政治建设、文化建设、社会建设、生态文明建设“五位一体”总布局,以前所未有的力度推动生态文明建设。天津持续加强绿色低碳转型发展,资源利用效率稳步提升。按可比价格测算,2022

① 《天津市钢铁工业转型升级行动方案(2024—2027年)》,天津市工业与信息化局,2024年4月1日,https://gyxxh.tj.gov.cn/ZWXX5652/ZWYW9055/202404/t20240401_6587307.html,访问时间:2024年10月28日。

② 《天津市人民政府办公厅关于印发天津市加快废弃物循环利用体系建设实施方案的通知》,天津政务网,2023年7月19日,https://www.tj.gov.cn/zwgk/szfwj/tjsrmzfbgt/202407/t20240719_6679908.html,访问时间:2024年10月28日。

③ 《天津市人民政府办公厅关于印发天津市工业技术改造行动方案(2024—2027年)的通知》,天津政务网,2024年9月6日,https://www.tj.gov.cn/zwgk/szfgb/qk/2024_/13site/202409/t20240906_6720099.html,访问时间:2024年10月28日。

年天津市单位 GDP 能耗和单位工业增加值能耗比 2013 年分别下降 31.5% 和 27.3%，年均下降率分别为 4.1% 和 3.5%（见图 2），单位 GDP 碳排放强度和单位工业增加值碳排放强度比 2013 年分别下降 32.5% 和 28.4%，年均下降率分别为 4.3% 和 3.6%（见图 3）。鉴于碳排放强度的下降幅度高于能耗强度下降幅度，可见天津能源结构也在持续优化之中。

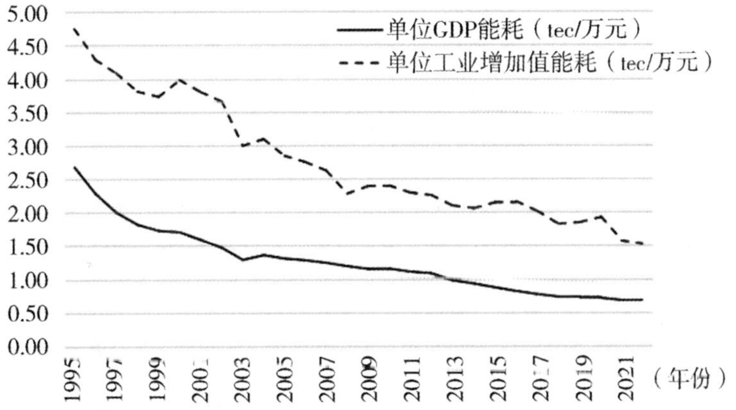

图 2　天津市单位产值及单位工业增加值能耗图

注：GDP 为 2005 年不变价。

数据来源：根据国家统计局公布的数据计算得出。

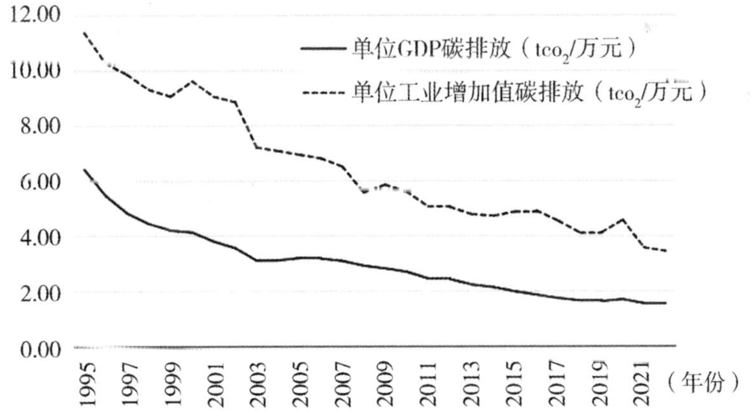

图 3　天津市单位产值及单位工业增加值碳排放变化图

注：GDP 为 2005 年不变价。

资料来源：根据国家统计局数据计算。

(二)工业结构持续优化,新兴动能加快集聚

战略性新兴产业和重点产业的经济支撑作用日趋明显。2024 年前三季度,12 条重点产业链规模以上企业工业增加值占比达到 82.6%,同比提高 2.1 个百分点,其中,信创、车联网、集成电路产业链增加值分别同比增长 26.6%、19.8% 和 14.1%。十大现代产业体系规模以上工业增加值占比超九成,达到 92.2%,同比提高 1.3 个百分点,其中,电子信息产业、航空航天产业增加值增速均超过 20%[①]。装备制造业增加值占规模以上工业的比重达 33.0%,分别比上半年和第一季度提高 0.8 个百分点和 1.8 个百分点[②],高新技术产业逐步成为推动制造业绿色低碳发展的主力军。

一批代表性企业与园区等新兴动能正在加快集聚。2023 年天津新增国家级绿色制造单位 49 家,累计达到 203 家,居全国主要城市前列。2023 年天津市数字化车间和智能工厂有 25 家,到 2025 年底,将超过 500 个。荣程钢铁、正天医疗器械、海油装备智造 3 家企业获评国家级智能制造示范工厂。一大批重点项目正在加快建设、投产:现代中药创新中心获批国家制造业创新中心,中芯国际大二期、中石化南港 120 万吨乙烯、华为天津区域总部、特变电工智慧园、空客二线、中海油渤海海域勘探开发、力神新能源产业基地等项目加快建设,联想创新产业园、360 科创园、中兴高端装备产业园等项目竣工投产投用[③]。这些重点项目达产后,将为天津制造业绿色低碳转型注入新的强大动能。

(三)传统制造业持续向高端化智能化绿色化升级改造

作为老工业化城市,天津拥有大量的传统制造产能,在绿色低碳发展浪潮

---

① 《释放政策效应　积聚新兴动能——2024 年前三季度天津市经济运行情况解读》,天津政务网,2024 年 10 月 24 日,https://gyxxh.tj.gov.cn/ZWXX5652/ZWYW9055/202410/t20241024_6760814.html,访问时间:2024 年 10 月 28 日。

② 《天津统计月报》,天津市统计局,2024 年 10 月,https://stats.tj.gov.cn/tjsj_52032/sjcx/tjtjyb/,访问时间:2024 年 10 月 28 日。

③ 吴巧君:《天津国家级绿色制造单位达 203 家》,《天津日报》2024 年 2 月 14 日。

下，这些传统制造业不断升级改造，持续向高端化、智能化、绿色低碳化方向转型。

天津钢铁企业绿色低碳转型走在全国前列。天钢、联合特钢、荣程钢铁、钢管公司4家联合钢铁生产企业均已完成全流程超低排放改造工作，走在全国冶金行业前列，其中，天钢、荣程钢铁被认定为环保绩效A级企业。全市钢铁行业不断调结构塑品牌，市场竞争力极大提升。天津大强钢铁公司不断优化产品，在刀具钢、犁刀等品种上国内市场占有率超30%，稳居全国汽车弹簧钢第一方阵；德材集团2023年累计完成冷轧和制品产量363万吨，同比增长47%，全年出口量高达113万吨，获天津市制造业“单项冠军”企业称号；荣程钢铁战略新兴产值增加16%，高附加值产品增长15%，2023年，荣程钢铁获评工业和信息化部2023年度国家级智能制造示范工厂①。

石化行业也是天津的传统支柱产业，持续走绿色化智能化发展道路。目前天津石化产业已逐步形成从原油开采到化工新材料和精细化学品较为完整的产业体系，初步形成了“一体两翼、三区联动”的石化产业空间布局，南港工业区、临港新材料产业园、大港石化园区加快实现互联互通共促共进式发展；科创引领在石化行业的作用正在持续增强，集聚了中石化北化院、工程院、中化学新材料创新平台等一批中试基地，形成“以创新赋能产业，以产业反哺创新”的发展格局企业；天津石化聚焦节减护绿、治理养绿、降碳增绿、数智赋绿，与2017年相比，2023年天津石化综合能源消费总量下降27%，碳排放总量及强度分别下降14%、27%，成为中石化集团公司首批绿色企业、全国炼化行业首家重污染天气绩效评级A级企业、国家石油和化工行业绿色工厂，获评中国石化“无废集团”先行先试A级示范企业、工信部智能制造试点工厂揭榜单位、天津市石化智能制造示范工厂②。

---

① 《混改促发展　钢企焕生机——我市钢铁行业向高端化跨越》，《天津日报》2024年4月2日。

② 《争做京津冀绿色低碳发展排头兵：天津石化多措并举“碳”寻绿色可持续发展之路》，《中国环境报》2024年9月26日。

四　天津市制造业绿色低碳转型典型案例

(一)荣程钢铁集团:新能源引领传统产业绿色低碳转型

荣程钢铁集团完成了全流程超低排放改造,将吨钢综合能耗降低了50%,水耗降低了40%,碳排放减排48%。还以数智化、新能源开发应用,实现了绿色低碳高质量协同发展,形成了智云、智运、智造“三智合一”,以新型的能源利用方式促进企业迈上了绿色低碳转型新台阶。

荣程钢铁投资1.2亿元建设城镇供暖工程,利用废热对附近居民进行住宅供暖,具备了200万平方米的供热能力,实际供热面积120万平方米,为天津的城市建设作出了巨大贡献。

荣程钢铁将绿色运输作为企业低碳转型的重要抓手。一方面,荣成集团自主研发了智慧物流平台——荣成智能交通,平台利用大数据、云平台、移动互联网等技术,整合钢铁产业链上下游资源,提高车货匹配效率,缩短交易链,提升运费支付效率,有效为制造企业节约物流成本,降低物流消耗。另一方面,荣程集团不断拓宽氢能应用场景,延伸氢能产业链。截至2024年8月,荣程集团氢能重卡达559辆,投运加氢站7座;加氢1862吨,运输货物1737万吨,行驶里程1606万公里;减排二氧化碳14786吨。荣程钢铁不仅开发了“天津港—容城钢厂—静海区客户站”“天津港—河北定州旭阳焦化—容城钢厂区”“容城钢厂—河北霸州客户站”三条零碳货运路线,还正在推进在新疆、山西、甘肃、辽宁、吉林、黑龙江以及川渝等区域的布局。荣程集团正在通过氢能零碳运输模式,服务钢铁、化工、港口、矿山及社会经济的绿色化转型。

氢能来源正逐步由“灰氢”向“绿氢”转变。利用厂房屋顶、污水处理厂水面,荣程钢铁铺设了14万平方米的分布式光伏发电和600亩的渔光互补式光伏发电设施,为厂区提供源源不断的绿色电能。2024年1月,荣程集团渔光互补光伏绿电制绿氢项目一次性试车成功,标志着天津首家、首台套“绿电制加氢一体化”氢能全产业链生态闭环场景项目正式落地。该项目由荣程渔光互补水面光伏发电项目作为电源供给，城市污水处理后中水作为水源，副产品氧气应用于荣程钢铁厂区生产，做到了零新水使用、零废水和零碳排放。截至2024年8月，荣程集团自产光伏发电—绿氢240吨，其氢能应用场景正在转向真正意义上的绿色氢能①。

2023年6月，荣程钢铁集团荣获天津首批绿色发展“领跑者”荣誉称号；在第二届中国工业碳达峰论坛上，荣程钢铁集团凭借“5G+智慧工厂”项目被授予2023年度中国工业碳达峰“领跑者”企业荣誉称号。由中国冶金报社组织的2024“寻找最美绿色钢城”活动中，天津荣程联合钢铁集团有限公司获评“绿色发展标杆企业”。

（二）海尔天津洗衣机互联厂：智能制造赋能可持续发展

2019年9月26日，天津海尔洗衣机互联工厂正式落成。作为“智能+5G”智慧园区，该互联工厂基于海尔COSMO Plat大规模定制模式，可同步实现波轮、滚筒柔性生产，通过物联网、大数据算法、人工智能等技术的充分应用，海尔天津洗衣机互联厂完成了从厂体设计到系统流程的全方位优化。

在生产上，通过5G、人工智能、大数据等工业新技术深度赋能，天津海尔洗衣机互联工厂让生产过程可视、可感、可控、可变，并拥有激光无缝焊接、注塑一体成型、视觉识别、智能抓取、智慧传送等先进工艺；在厂区物流方面，工厂构建了空中物流系统，就像一个零部件的空中环线公交系统，将两百多个型号的订单拆解成工单下发到产线，帮助各种零部件准时、准点找到加工工位，极大提升了物流效率，避免了运输损耗，降低了物流能耗；在客户端，通过一系列智能措施实现了面向客户的柔性生产，用户可根据所需，自行定制需要的洗衣机。在“智家”应用端自行选择功能款式下单，工厂智能设备接到订单后，可自动读取用户需求、定制生产，设计速度提高一半，缺陷减少26%，单位能耗降低18%。

海尔天津洗衣机互联工厂借助智能化手段在绿色低碳方面进行了全面实

---

① 《荣程：构建“氢+”新能战略，勇创绿色智慧“梦工厂”》，人民网，2024年6月22日，http://tj.people.com.cn/n2/2024/0622/c375366-40887887.html，访问时间：2024年10月28日。

践。天津海尔洗衣机互联工厂已广泛规划布局智能微电网、智慧照明等场景解决方案。工厂采用统一的能源数字化管理平台，配备自动检测净化技术的水资源管理系统。在制造和包装工艺上持续优化创新，减少废料产出和碳排放。

最具特色的是天津海尔洗衣机互联工厂的设备电力负荷模型。该模型通过实时监测和分析设备的电力负荷，利用大数据技术，对收集的电力负荷数据进行深入分析，识别高能耗工艺和无效耗能，然后基于单台生产能耗模型的排产优化方法，实现高耗工艺的自动诊断优化及最低能耗的生产调度，从而降低能源消耗和碳排放。世界经济论坛（WEF）这样评价该模型：为了在能源成本上升的背景下提高经营韧性和减少碳排放，海尔采用了大数据和人工智能技术，打造了一个设备电力负荷模型，部署了旨在优化能耗的生产调度程序，将能源消耗降低了35%，将温室气体排放量降低了36%。[①]

智能技术的广泛应用使得天津海尔洗衣机互联工厂成为全球首家兼容全自动波轮、滚筒洗衣机柔性生产的大规模定制互联工厂，不仅成为天津智能化、绿色化生产企业的标杆，也成为世界性的可持续发展标杆性企业。2023年天津海尔洗衣机互联工厂获得WEF认可，成功入选全球“可持续灯塔工厂”，成为全球“可持续发展灯塔工厂”名录中的首个中国本土企业。

（三）锦湖轮胎天津工厂：循环再生经济助力绿色工厂

锦湖轮胎从源头减排、清洁生产、循环利用等环节发力，将绿色发展融入企业发展战略。

第一，从源头上控制不可再生的化石原料的使用数量，减少生产过程排放。通过升级和优化生产技术，锦湖轮胎天津工厂逐渐提高绿色物料天然橡胶占橡胶用量比例，由2021年的46.90%、2022年的49.80%提高到2023年的52%，逐步减少合成橡胶的使用量，增加环保型绿色物料的使用，该举措在

---

① 《中国本土首家！天津海尔洗衣机互联工厂入选“可持续灯塔工厂”》，中国日报，2013年1月17日，http://tech.chinadaily.com.cn/a/202301/17/WS63c647c8a3102ada8b22bb35.html，访问时间：2024年10月30日。

保证轮胎品质依旧的前提下,从源头降低了污染物的产生。另外,为了进一步降低污染物排放,锦湖轮胎天津工厂在所有涉挥发性有机物(VOCs)废气排放口全部安装了VOCs在线监测设备并与天津市生态环境局完成了联网,完成了对燃气锅炉按照30毫克/立方米控制目标的第二轮次低氮燃烧改造,可进一步削减氮氧化物排放量。通过原料替代和十年来不断投入新的环保技术,锦湖轮胎天津工厂的氮氧化物排放总量从最初每年45吨左右降低至现在的5吨左右。

第二,贯彻清洁生产和循环利用的减排要求,打造"节水型企业"。减少废水排放,循环利用废水,是对水资源保护的有力举措。锦湖轮胎天津工厂严格控制废水排放,化学需氧量(COD)排放浓度平均28毫克/升,远低于国家排放标准300毫克/升要求;COD排放量由12吨/年减少至3.5吨/年,实现减排量约8.5吨/年。并在污水综合排放口安装了COD、PH、氨氮在线监测设备,与天津市生态环境局完成了联网。此外,工厂的生活污水全部处理为中水,进行厂内循环再利用,年回用水量约8万吨,成为天津市名副其实的"节水型企业"。

第三,积极推进可再生能源利用,扎扎实实减少碳排放。锦湖轮胎天津工厂积极推动绿色电力的使用,2023年绿电使用比例达到22%,2024年的绿电使用比例可以达到更高水平。利用产区空地和屋顶,锦湖轮胎天津公司建设了18兆瓦分布式光伏发电项目并已经投入使用,工厂光伏发电量达到1807.8万千瓦时,减少碳排放量约1.6万吨/年。另外,锦湖轮胎天津工厂还对企业照明系统等能耗设施进行了全面系统改造。在绿电比例提升、技改项目深化的助力下,2023年锦湖轮胎天津工厂碳排放量较2022年降低21.6%。

五　绿色低碳转型问题分析

天津制造企业绿色转型既有一些与国内其他省市相同的普遍问题,也存在自身的特殊性问题。

第一,政策协同性有待加强,实操层面有待细化优化。一方面,制造业的绿色低碳转型问题涉及发改、工信、科技、生态、国资、金融等多个部门和领域，需要完善政策体系、配套实施细则，确保政策和措施及时落实。依据国家“1+N”体系建设，天津出台了《天津市碳达峰碳中和促进条例》等一系列政策和规划，但其针对性、协同性有待加强，如海上风电项目财政补贴通常直接给企业资金，税收优惠则通过减少企业的税负来间接支持企业发展，财政补贴与税收优惠政策衔接不畅，可能导致企业在选择政策时面临困惑。另一方面，政策执行上缺乏明晰的操作程序和便捷的操作方式、合理的实施周期，致使政策执行效果和影响达不到预期。比如，财政补贴在项目建设初期发放，而税收优惠需在项目运营一段时间后才能享受，造成企业在项目规划和资金安排上存在不确定性；补贴资金审批流程复杂、资金拨付周期长，导致执行过程中落实不到位。

第二，制造业产业链协同性不足，低碳技术支撑有待提升。一方面，产业链协同转型不足。制造业的绿色低碳转型需要产业链的协同创新与上下游企业上下协调，但目前天津的产业链协同转型紧密度还不够，协同创新整体能力有待加强，影响天津产业链绿色低碳水平的提升。天津制造业结构以钢铁、化工等高耗能、高排放传统产业为主，转型所需资金量大、现有成熟技术缺乏，短期内难以实现根本性转变。新产业集成电路、中医药、车联网、高端装备、航空航天产业链增加值，高技术产业投资、战略性新兴服务业、科技服务业营业收入等尽管增速较快，但是规模尚小，不足以形成对传统产业的替代。为此，还需大力发展新能源、节能环保等新兴产业，以提高其在制造业中的比重，推动产业体系绿色低碳高质量发展。另一方面，由于领头羊企业不强，区域绿色产业黏合度不高，技术研发凝聚力不高。绿色技术尤其是新能源、节能环保等领域的关键技术研发方面，还需要加大投入和创新力度。一些先进的绿色技术在推广应用过程中可能面临成本高、市场认可度低等问题，致使企业对绿色技术的应用积极性有待增强。如一些新型节能设备和环保材料价格高，企业因为竞争压力难以大规模推广采用。

第三，市场作用发挥不充分，绿色金融助力不足。研究显示，预计 2030 年前，中国碳减排需每年投入 2.2 万亿元；2030—2060 年，需每年投入 3.9 万亿元。天津年均需要转型资金4000亿元以上。资金高投入需要政府、企业和社会共同承担,目前零碳低碳负碳技术研发与推广上缺口较大。快速转型能够获得技术标准、市场和声誉的先占优势,作为北方工业基地和创新中心,天津亟待挖掘碳排放权交易市场的融资平台作用,以政府绿色转型基金为引领,撬动社会资金投入绿色技术研发与推广,将转型压力转为绿色发展动力。同时,金融机构与科技、工信和生态部门合作水平有待提升,统一、明晰的绿色低碳转型资金衡量指标和快捷的融资通道尚未形成。绿色金融产品的种类较少、规模不够大,难以满足企业多样化融资和绿色转型的动力需求。

六　绿色低碳转型推进策略建议

第一,以绿为魂、理念统一,上下协同。牢固树立“绿水青山就是金山银山”的理念,将绿色转型的要求融入经济社会发展全局,统一制造业绿色低碳转型的认识,全方位、全领域、全地域推进绿色转型。在具体执行上,要充分考虑天津市的城市定位,依托现有产业基础推动要素重组、资源整合,推动高能耗、高污染产业向低碳、环保产业转型,进一步加强政策制定者和执行者的上下协同,拧成一股绳,推进要素集约、企业集聚的“世界级先进制造业集群”建设。

第二,整合力量、协同创新,推动转型。科技创新是天津制造业实现绿色低碳转型的决定性驱动力量。要加强梳理整合已有的科技创新成果、资源和技术创新优势,在不断加强海河实验室、先进操作系统创新中心等创新平台建设基础上,抓住中国资源循环集团公司落户天津的契机,以碳足迹、碳预算管理为抓手,整合京津冀鲁辽等渤海大湾区资源,研发和推出一批符合需求的绿色低碳循环的新产品和新技术,构建产业新业态。将京津冀的科技创新优势和天津市的制造优势结合起来,积极培育“专精特新”中小企业和制造业“单项冠军”企业,为企业提供技术研发、成果转化等支持,推动产业绿色低碳创新和市场发展。

第三,市场导向,头部引领,抢占先机。新兴制造业头部企业和产业集群是区域绿色产业吸引力的重要来源。天津正在大力实施制造业高质量发展行动,吸引重大项目落地天津,并对 12 条重点产业链提供专属政策支持,还需要在现有基础上加大科技进程识别力度,筛选出具有巨大市场潜力的细分领域,特别是集成电路、生物医药、高端装备等领域,引进重大项目,培育具有战略意义的头部企业和头部产业集群,以头部企业和头部产业集群在新兴市场中发挥头羊效应,带动区域制造业实现良性循环发展。

第四,精细管理,内外兼修,绿色发展。绿色低碳转型是社会的巨大变革,孕育着重大机遇,也潜伏着一定风险,政府部门需发挥政策引领作用。在制造业的绿色低碳转型问题涉及发改、工信、科技、生态、国资、金融等多个部门和领域,需要完善监管体系确保政策和措施落实,这对监管部门的监管能力提出了很高的技术和能力要求,需要市政府各部门对相关政策制定明晰的操作程序和关键环节指南,通过精细化、智慧化管理,消除政策执行中的障碍,发挥好绿色低碳政策激励效应,调动企业积极性和能动性,促进天津制造业加快绿色转型。

第五,优化产业链结构,实现内涵式高质量发展。天津作为北方工业城市,具有较好的制造业基础。在实现“双碳”目标的进程中面临巨大的转型压力与挑战,但也处于极佳的提升新质生产力推动高质量发展的关键窗口期,必须上下齐心、负重前行,迎难而上抓住此机遇。围绕 12 条产业链,加强培植工业服务企业,在人才培养、科技创新和产业升级等方面下功夫,以精细控能、科学用能、数智赋能,助力能源低碳化;以集约化、集成化、标准化、绿色化设计及制造,助力资源利用高效化,全方位支撑制造业绿色低碳循环转型发展,实现降碳、减污、扩绿增长的有机协同,将天津打造成内涵式高质量发展的典范。

天津交通运输绿色低碳发展研究报告

蒋　寅　天津市政工程设计研究总院有限公司综合交通发展研究院正高级工程师
左文泽　天津市政工程设计研究总院有限公司综合交通发展研究院中级工程师

摘　要： 自《天津市交通运输领域绿色低碳发展实施方案》实施以来，在绿色基础设施建设、低碳运输工具推广、绿色出行体系创建、货物运输结构优化、交通污染防治推进、低碳管理能力提升等方面均取得显著成效。但仍存在运输结构调整减排边际效益递减、交通用能结构调整技术不确定性和碳减排成本高且利益方众多等问题。2025年，交通运输需求持续增长与碳排放控制矛盾加剧会带来新调整，但新能源市场火热与大规模设备更新也蕴含新机遇。推动交通运输绿色低碳发展要抓好关键点，持续拓展绿色基础设施建设成效、用足更新政策加速用能转型、倡导绿色出行引领低碳风尚、挖潜深化交通运输结构调整和拓展碳金融碳市场工具应用。

关键词： 绿色出行创建　交通运输　绿色低碳发展　低碳运输工具　运输结构调整

一　交通运输绿色低碳发展现状

自“碳达峰、碳中和”目标提出以来，在天津市委、市政府的正确领导下，在交通运输部的科学指导和大力支持下，依托市交通运输领域绿色低碳发展顶层设计，紧紧围绕、绿色基础设施建设、绿色低碳装备推广、绿色出行体系创建、货物运输结构优化、交通污染防治推进、绿色管理能力提升等领域持续发力,取得了积极成效,为加快建设交通强市和社会主义现代化大都市提供了强有力保障。

(一)绿色基础设施建设加速

1. 绿色港口建设成效凸显

打造港口“零碳”示范场景,实现第二集装箱码头公司、太平洋国际集装箱码头公司和三个滚装码头公司“零碳”运营,其中天津港第二集装箱码头以历史最高分获评五星级“绿色港口”。港口清洁低碳运输取得突破进展,焦炭货类集卡短途倒运实现100%清洁运输,铁矿石清洁运输比例达70%。港口低碳设备顺利推广应用,持续推进港口新能源作业机械应用,港口新能源、清洁能源和国三标准排放水平及以上机械占比达到80%。港口经营企业使用的场桥、岸桥、装(卸)船机等港口作业机械共计765台,全部为电力驱动。实现集装箱、干散货泊位岸电全覆盖,靠港船舶岸电应用尽用。在港口试点应用风能、光能等分布式发电技术,太平洋集装箱码头等3家码头完成风电、光伏并网发电,全港新能源发电系统装机容量达78兆瓦,全港“绿电”年发电能力达到1.8亿千瓦时。

2. 绿色公路创建稳步推进

推进废旧材料循环利用,利用废旧建筑材料在津蓟高速、九园公路、宝武公路建设工程中重新利用,有效降低道路工程建养资源消耗。2024年高速公路、普通国省干线公路废旧路面材料循环利用率均达到100%。完成天津市充换电设施、氢能设施规划,持续推进服务区充电桩、加气站建设,2024年底具备充电服务功能的高速公路服务区比例已达到100%,高速公路服务区在营加气站达到9处,建成天津首个“光储充”一体化超级充电站——津蓟高速温泉城服务区超级充电站。完成津蓟高速公路温泉城收费站光储一体化项目,高速公路沿线设施太阳能光伏并网发电总装机容量达到37.17兆瓦。

(二)低碳运输工具持续推广

1. 国三柴油货车淘汰持续推进

多措并举推进天津2013年底前注册登记的国三及以下排放标准中重型营运柴油货车提前淘汰,截至2024年底,已淘汰车辆超3万部,完成既定淘汰和停用车辆工作目标。

2. 新能源营运车比例显著提升

持续推进公交和出租领域新增及更新车辆优先选用新能源车型,截至2024年底,城市公交新能源车辆占比达到85%,新增公交车中新能源比例达到100%;出租汽车新能源占比提升至68.8%,新增出租汽车中新能源比例达到100%;邮政快递及城市物流领域新能源车辆超过1.5万辆。

3. 氢能汽车应用取得突破进展

成功打造"天津港—荣程钢铁厂区—静海区客户端""天津港—河北定州旭阳焦化—荣程钢铁厂区""荣程钢铁厂区—河北霸州客户端"3条零碳货运线路,打造山西孝义—天津港高速公路零碳物流试点通道试点项目,为天津港开启大宗货物清洁运输新格局和天津交通物流降本提质增效探出新路子。截至2024年底,荣程集团累计投用634辆氢能重卡,已成为北方地区最大规模氢能重卡运营项目,累计行驶里程超过2500万公里,完成货运量近2050万吨,减排二氧化碳近2.2万吨。

4. 清洁能源船舶推广应用加速

积极发展新能源和清洁能源动力船舶,探索甲醇、氢、氨等新型动力船舶的应用,推动液化天然气船舶的应用,新增营运船舶中新能源和清洁能源占比达到22.22%。

5. 新能源小客车逐步普及应用

大力推进新能源小客车应用,2024年天津新增新能源汽车18.9万辆,新能源汽车保有量达到65.4万辆。推动车辆基础配套设施建设,巩固完善"0.9、3、5充电服务圈",2024年新增公共充电桩2.4万个,解决群众新能源车的充电需求。

6. 排放检测维护制度逐步完善

持续推进实施汽车尾气检测与维护(I/M)制度的实施与完善,发布《天津市机动车排放达标维修服务规范》,做好 M 站认定工作,截至 2024 年底,认定 93 家维修企业 M 站,完成 65 家检测机构的数据对接工作,合理布局、完善全市各区域配备,方便市民便捷、就近完成排放性能维修业务。

(三)绿色出行体系初步创建

1. 城市轨道交通建设提速

开通运营地铁 4 号线南段、6 号线二期、10 号线一期、11 号线东段,地铁运行达到 10 条,累计运营里程达到 309.9 公里,运营车站数增至 204 座,换乘车站增至 27 座。

2. 公交都市建设持续深化

年均新增优化公交线路约 70 条,开展公交专用道三期规划建设,公交专用道平均车速提高到 21.8 公里/小时,"津城"建成区内建筑区公交站点 300 米覆盖率超 74%。建成中山门等 19 个"P+R"智慧停车场,提供车位超 2000 余个。开通"赏花定制专线""日出东疆""定制公墓专线"等定制公交线路,满足市民个性化出行需求。

3. 公共交通更加惠民利民

实现津城、滨城地铁公交应用互联互通,实施轨道交通与常规公交 90 分钟联程优惠,天津地铁应用上线微信支付宝代扣支付功能,实现与京沪穗渝等 15 市地铁应用互联互通。关爱弱势群体出行,发布新版 65 岁以上老年人免费乘坐公共汽车实施办法,将常住天津的外埠老年人、临时来津的外埠老年人纳入免费乘车范围,打造 22 条适老化公交示范线路。

4. 绿色出行体系创建稳步进行

持续开展绿色出行宣传工作,每年组织绿色出行和公交出行等主题宣传活动,引导公众优先选择公共交通、步行和自行车等绿色出行方式,2024 中心城区绿色出行比例达到 74.5%。

（四）货物运输结构不断优化

1. 港口铁路扩容工程取得实效

建成南港港铁物流铁路专用线、天津港南疆铁路II场至III场连接线复线等港区铁路专用线，建成华电国际、忠旺铝业、新天钢集团天钢公司等企业铁路专用线，全市12家大宗货物年运量150万吨以上大型工矿企业中，11家接入铁路专用线。新港北集装箱中心站第二线束工程、黄万铁路电气化改造工程、静海城投铁路专用线加快建设，预计年底建成。

2. 货物低碳运输比例稳步提升

天津9家主力燃煤发电企业电煤运输实现100%铁路运输，钢铁、焦化企业大宗物料以铁路和新能源汽车为主清洁运输比例稳定在90%以上。持续优化运输车辆排放结构，2020年7月起天津港区域停止国三及以下排放标准中重型柴油货车集疏港，2024年12月，天津港集疏港车辆中国六排放标准及新能源汽车比例达到45.9%。

3. 海铁联运实现“台阶式”发展

2019—2022年，天津港海铁联运年运量实现了50万、80万、100万、120万标准箱“台阶式”跨越。组织铁路部门、港口企业稳定中欧班列图定计划发运，并建立临时需求计划协调机制，实现了运输需求动态监测、实时预警，有效提升了国际班列运输组织效率。2023年天津港海铁联运量完成122.7万标准箱，2024年完成137.5万标准箱，同比增长12%。

（五）交通污染防治深入推进

1. 持续推进船舶排放控制区建设

建立船舶排放控制区多部门联动机制。严格落实船舶排放控制区要求，靠港船舶使用低硫燃油，港作船舶低硫燃油使用率达到100%。

2. 推进原油成品油码头污染治理

推进已建原油、成品油装船码头油气回收设施安装，石油化工码头、中化石化码头均完成了码头油气回收设施安装。持续做好对原油码头经营单位事故隐患排查治理等安全生产管理情况的检查,2024 年对原油码头经营单位开展 20 家次行业安全执法检查。

3. 强化船舶污染物接收企业监管

加强船舶污染物接收企业备案管理,2024 年底从事船舶污染物接收经营的备案企业共计 43 家。严格实施船舶水污染物接收、转运、处置联合监管制度,推进“船—港—城”全过程衔接和协作,持续组织开展船舶港口污染物接收转运及处置联合执法检查,每年会同海事、生态环境、水务、城市管理等部门开展 12 次联合执法检查。通过严格实施船舶水污染物转移处置联合监管制度,推进各部门全过程衔接和协作,实现了闭环管理。

4. 严控公路领域污染治理

降低公路扬尘污染,加强公路机扫保洁,严格落实施工工地扬尘污染“六个百分之百”要求,高速公路服务区生活污水实现集中、无害化排放。

(六)低碳管理能力显著提升

1. 低碳发展顶层设计逐步完善

为贯彻落实国家“双碳”政策,2022 年 8 月,天津市人民政府印发《天津市碳达峰实施方案》(津政发〔2022〕18 号),提出了碳达峰的天津路径。为稳妥推进交通运输领域碳达峰碳中和工作,2022 年 9 月,天津市交通运输委员会制定印发《天津市公路水路行业绿色低碳发展行动方案》(津交发〔2022〕245 号);2022 年 12 月,天津市交通运输委员会会同市发展改革委、市生态环境局、市工业和信息化局制定印发《天津市交通运输领域绿色低碳发展实施方案》(津交发〔2022〕255 号)。两个方案的发布为天津加快构建绿色低碳高效的交通运输体系指明了工作方向,完善了天津交通运输领域绿色低碳发展的顶层设计。①

2. 着力推动科技成果落地应用

组织开展年度天津市交通运输新技术推广清单项目申报工作,遴选创新

① 《天津市交通运输领域绿色低碳发展实施方案政策解读》,天津交通运输,2023 年 1 月 14 日,https://www.app.tjyun.com/tjjt/system/2023/01/31/053607024.shtml。

程度高、推广价值大的成果进行推广。推动公路工程领域建设单位、设计单位、施工单位积极应用先进技术开展公路建设。组织开展"年度绿色交通科技成果宣贯会",为成果落地进一步拓宽宣传和推广渠道。

3. 强化绿色低碳支持政策制定

编制印发《支持"天津港建设一流港口"专项资金项目管理办法》《天津市综合货运枢纽补链强链资金管理实施细则》《燃料电池汽车示范城市地方财政支持政策指导意见》《天津市财政支持做好碳达峰碳中和工作的实施意见》《天津市"十四五"期间农村客运补贴资金和城市交通发展奖励资金实施方案》等10余项支持政策,推动公路水路行业绿色低碳发展。

二　交通运输绿色低碳发展面临的问题

(一)运输结构调整带来的减排边际效益逐步递减

2017年以来,天津积极推进大宗货物"公转铁""公转水",取得了显著成效。2024年,天津市公路货运量3.58亿吨,占运输总量的59.93%,低于全国平均水平12个百分点;铁路货运量1.21亿吨,占运输总量的20.3%,高于全国平均水平12个百分点。对比运输调整工作启动前,天津铁路货运量占比较2017年提升5个百分点,公路占比降低5个百分点。随着结构调整的深入,进一步提高铁路运输比例面临着一些挑战。一方面,铁路专用线建设触及瓶颈,天津12家大宗货物年运量150万吨以上大型工矿企业中11家已接入铁路专用线,剩余1家不具备接线条件,已实现可建尽建。另一方面,对于一些时效性要求高的货物,如生鲜产品、电子产品等,公路运输仍具有不可替代的优势,在满足经济快速发展对物流时效性要求的同时,也限制了运输结构调整带来的减排潜力进一步挖掘。未来受铁路、水路货运能力和适运货种的限制,长期来看运输结构调整的边际效益递减,对减排的贡献率近中期大于远期。据估算,继续单纯依靠运输结构调整来实现减排目标,每单位减排量的成本将比初期增加约50%,后续成本还将持续增加。

(二)交通用能结构调整进程存在技术不确定性

运输装备的新能源和清洁能源替代是交通领域绿色低碳转型的重要手段。在新能源汽车领域,虽然近年来发展迅速,但电池技术仍存在不确定性,目前主流的锂离子电池在能量密度提升上面临瓶颈,大部分电动汽车的续航里程在冬季等特殊工况下会大幅缩水,平均可达30%。此外,氢燃料电池被认为是未来交通能源的一个重要方向,但制氢、储氢和加氢技术尚不成熟。制氢过程中的能耗和碳排放问题仍需解决,目前90%以上的氢气通过化石能源重整制取,其碳排放甚至可能高于传统燃油。在航空领域,可持续航空燃料(SAF)的研发和大规模应用面临技术和成本挑战,目前SAF的产量占航空燃料总需求的比例不到1%,距离大规模商业化应用还有很长的路要走。船舶领域的低碳或零碳动力技术,如氨燃料发动机、电动推进系统等,也处于研发和试验阶段,技术可靠性和经济性有待验证。

(三)交通运输碳减排成本显著且涉及利益方众多

交通运输碳减排需要巨大的资金投入。在基础设施建设方面,建设绿色低碳的交通枢纽、充电桩网络和加氢站等需要高昂成本。以建设加氢站为例,一个标准加氢站的建设成本在1000万—2000万元,而目前的加氢需求不足以支撑其盈利,需要大量的政府补贴。对于交通运输企业而言,更换新能源车辆或升级运输设备也需要大量资金,一家中型规模的物流公司若要将其一半的柴油货车更换为电动货车,至少需要投入数千万元。而且,碳减排涉及众多利益相关方,包括政府、交通运输企业、能源供应商、消费者等。政府需要平衡减排目标与经济发展、社会稳定之间的关系;交通运输企业需要在减排成本和运营效益之间寻求平衡;能源供应商需要调整生产和供应结构;消费者可能需要承担更高的交通费用,如新能源汽车的价格较高,直接影响消费者对绿色低碳交通方式的接受度。各方利益诉求不同,协调难度大,进一步增加了交通运输碳减排的复杂性。

三 交通运输绿色低碳发展的挑战与机遇

（一）新挑战：交通运输需求的持续增长与碳排放控制的矛盾加剧

交通运输作为国民经济的基础性、先导性、战略性产业和重要的服务性行业，随着经济的高速发展与居民生活水平的不断提高，运输需求将不断增加。[①]据国际能源署（IEA）预测，到2050年，全球客运周转量和货运周转量可能分别增长2—3倍。[②]《国家综合立体交通网规划纲要》指出，未来旅客出行和货物运输需求将稳步增长，其对高品质、多样化、个性化的需求不断增强，预计2021—2035年，旅客出行量年均增速为3.2%，全社会货运量年均增速为2%。[③] 天津市作为重要的经济中心和交通枢纽，人口流动频繁，客运需求增长迅速。例如，2024年端午节假期，天津市综合交通客运量达1625.94万人次，日均541.98万人次，同比增长23.44%。未来随着经济的不断发展、旅游业的兴起和城市间交流的日益频繁，客运需求仍将保持较高的增长态势。同时天津市是重要的工业基地和物流中心，港口、铁路、公路等运输方式的货运量持续增长。天津港作为京津冀和“三北”地区重要出海口，货物吞吐量不断攀升。日益增长的交通运输需求意味着更多的能源消耗和碳排放，总量控制仍然面临较大压力。

（二）新机遇：新能源市场火热与大规模设备更新

在全球应对气候变化的大背景下，交通运输绿色低碳发展迎来了新能源市场火热和大规模设备更新两大关键机遇，这不仅为行业转型提供了动力，更

---

① 《〈天津市碳达峰实施方案〉专家解读之五——交通运输绿色低碳行动》，天津发展改革，2022年9月21日，https://mp.weixin.qq.com/s/LGF_tLy6l49tIelA4u9RIA。

② *CO_2 Emissions in 2023*，国际能源署（IEA），2024年5月，https://www.iea.org/reports/co2-emissions-in-2023。

③ 李晓易、谭晓雨、吴睿，等：《交通运输领域碳达峰、碳中和路径研究》，《中国工程科学》2021年第6期。

有望重塑整个交通运输格局。

新能源市场成为交通运输绿色低碳发展的强劲引擎。电动汽车产业已成为交通运输绿色低碳转型的先锋力量。全球电动汽车销量呈“井喷”式增长,中国更是其中的佼佼者。2024 年,我国新能源汽车销量达到 1286.6 万辆,同比增长 35.5%。电池技术的进步是关键驱动力,电池能量密度正以年均 5%—8% 的速度稳健提升,部分高性能电池能量密度可达 250—300 瓦时/千克,电动汽车的续航里程实现质的飞跃,极大地缓解了消费者的“里程焦虑”。同时,成本的大幅下降也为电动汽车产业注入了强大的发展动力,自 2010 年起,电池成本降低了约 80%,进一步激发了市场活力,使得电动汽车在与传统燃油汽车的竞争中脱颖而出,成为消费者购买汽车时的热门选择。可再生能源与氢燃料电池是交通运输绿色低碳转型的潜力股。太阳能充电站在全球范围内迅速扩张,数量已经超过 10 万个。风能在交通供能领域的应用也取得了显著成效,例如,丹麦的风电—交通一体化项目就是一个成功的典范。该项目每年利用丰富的风能资源,为 5000 多辆电动公交车和 2000 多辆电动出租车提供充电能源,累计减少二氧化碳排放量约 2 万吨,为实现交通领域的低碳目标做出了积极贡献。① 氢燃料电池技术在交通运输领域展现出巨大潜力,全球氢燃料电池汽车保有量已超过 6 万辆,全球已建成加氢站超过 700 座,制氢成本也在逐渐降低,可再生能源电解水制氢成本预计在未来 5—10 年内将降低 30%—50%,这将进一步推动氢燃料电池在交通运输中的应用。

大规模设备更新政策的实施加速了交通运输绿色转型的步伐。2024 年交通运输部等十三部门印发《交通运输大规模设备更新行动方案》,拟推动新一轮交通运输设备更新换代,支撑构建绿色低碳交通运输体系。2024 年 7 月,市交通运输委等十四部门印发《天津市交通运输大规模设备更新实施方案》,提出了推进城市公共交通车辆新能源替代、老旧营运柴油货车淘汰更新、老旧营运船舶报废更新、轨道老旧运营设备淘汰更新、邮政快递老旧设备替代、物流

① 《推进交通运输清洁低碳转型发展　天津持续完善公路货运充电网》,人民网,2024 年 5 月 15 日,https://finance.eastmoney.com/a/202405153076685581.html。

设施设备更新改造、设备更新配套要素供给提升七方面任务。大规模设备更新政策实施以来，截至2024年底，更新新能源公交车1000余部，新增和更新新能源出租汽车2.29万部。大规模设备更新政策极大促进了交通运输工具低碳转型进程，掀起了一场绿色革命。未来大规模设备更新政策将持续开展，将为行业带来前所未有的新机遇。

四　交通运输绿色低碳发展的对策建议

（一）以点带面，拓展绿色基础设施建设成效

强化空间资源集约利用。将生态优先、绿色低碳理念贯穿交通网络、枢纽等基础设施规划、设计、建设、管理、运营和维护全过程。优化路网建设，提高公路通行效率，统筹利用综合运输通道线位、土地、空域等资源，加大岸线、锚地等资源整合力度，尽量减少对生态敏感区的占用，推广应用节能环保材料，推动各类废弃物妥善处置或资源化利用，降低全生命周期能耗与碳排放。建设绿色港口升级版。加快能源结构升级，建设零碳码头、低碳港区、低碳港口，扩大港区风力、光伏发电规模，推动陆域风电向防波堤风电拓展。加快清洁运输升级，持续提升清洁能源利用、水铁联运、水水中转比例，在保持铁矿石清洁运输比例稳定的基础上，拓宽清洁运输货类。加快污染防治升级，推动港作机械、港内倒运车辆、拖轮清洁化替代。创建国际先进绿色机场。建设"绿色三星"标准的T3航站楼。推广节能设备技术应用，空调供暖、电力供应、机电、生活热水等应用节能高效的设备系统。提高光伏、地热能等可再生能源利用规模，因地制宜开展机场区域分布式能源、微电网建设。推动使用APU替代设备。建设智慧能源管理系统，实现机场能源系统与生产系统联调联动，提升能源系统运行效率。建设精品示范绿色公路。引导新建的高速公路、有条件的国省干线参照绿色标准进行建设。深化路面材料再利用技术攻关，大力推进资源集约循环利用。强化公路节能型施工机械应用，逐步淘汰高能耗、高污染的老旧施工设备。探索光伏能源在高速公路服务区、收费站、声屏障等沿线设

施应用,建设一批“零碳设施”。持续推进绿色续航行动,在确保安全的前提下,加快高速公路服务区充电桩、加气站规划建设,试点建设加氢站,开展高速公路货物氢能运输示范。

(二)以策促效,用足更新政策加速用能转型

用足用好大规模设备更新政策推动运输工具低碳转型。推进城市公交车新能源替代。鼓励10年及以上老旧城市公交车辆更新,支持老旧新能源公交车和动力电池更新换代,着力推动滨海新区公交车新能源化进程,新增和更新公交车中新能源车辆占比超过80%。积极推广小型化公交车辆、低地板及低入口城市公交车辆。推进出租汽车新能源替代。贯彻落实本市出租汽车领域推广应用新能源汽车的部署要求,加快推进出租汽车领域绿色低碳进程,新增和更新的出租汽车使用新能源汽车。有序推广新能源营运货车。鼓励国四排放标准中重型营运柴油货车提前淘汰更新。推动新能源营运货车在城市物流配送、港口集疏运、干线物流等场景应用,在钢铁等工矿企业短途运输推广应用新能源货车,持续打造跨省零碳货运线路。研究出台新能源营运货车的通行路权等政策,积极探索车电分离等商业模式。推动营运船舶低碳转型。严格执行船舶强制报废标准,探索建立现有燃油动力船舶推出机制。支持新建新能源、清洁能源动力船舶,支持绿醇、绿氨等燃料动力国际航行船舶发展,推动液化天然气(LNG)、生物柴油动力船舶在具备条件的沿海、内河航线应用,支持纯电池动力在中小型、短距离内河船舶试点应用,逐步扩大绿电、LNG、生物柴油、绿醇等能源在船舶领域的应用。推动交通养护施工机械低碳转型。推动交通养护施工机械低碳转型,鼓励公路水路节能型养护施工机械应用,支持高能耗、高污染的老旧施工养护设备淘汰更新。

(三)以行倡绿,倡导绿色出行引领低碳风尚

推进轨道交通高质量发展。加快建设“津城”“滨城”轨道建设,稳步推进既有线路更新改造。新建轨道交通及市域(郊)铁路车站按需配套建设道路、公交场站、“P+R”停车场、自行车停车区等交通接驳设施并同步投入使用,完

善已建轨道交通车站交通接驳设施。打造公交都市标杆城市。实施公交场站补短板工程,加快公交站点和充电等配套设施建设,提高车辆夜间进场率。实施"滨城"公交专用道建设工程。实施"津城"公交专用道提速工程,提高公交专用道运营可靠性。实施津滨双城公交线网年度优化工程,扩大公交服务覆盖,推进轨道公交两网融合,推进快速公交、微循环公交发展,提高运营可靠性。实施中途站提升改造工程,建设标准化站台,推广智能电子站牌。积极开展绿色出行创建。大力培育绿色出行文化,完善绿色出行服务体系。组织各区积极持久开展绿色出行宣传工作,引导公众优先选择公共交通、步行和自行车等绿色出行方式,提升各区的绿色出行水平。

(四)以调提质,挖潜深化交通运输结构调整

推进大宗货物低碳运输。持续提高大宗货物运输"公转铁"比例,提升铁路货运量占比。提高大型工业企业铁路专用线比例,大力提倡新建大宗散货年运量150万吨以上的大型工业企业和物流园区同步建设铁路专用线。强化津冀港口间干支联动,支持开展以天津港为枢纽的水水中转业务。加强天津港集疏港铁路运力保障,增加货车对数,进一步提高煤炭、焦炭、矿石、粮食等大宗货物运力供给保障水平。加快推动海铁联运发展。加快内陆海铁联运发展,深入推动铁路、港口和船公司资源整合,探索发展重去重回、铁路箱下海等联运组织模式,打造精品线路,提高海铁联运运量。依托天津在中蒙俄经济走廊通道和大陆桥运输的优势,引导铁路、港口、航运企业加强协作,共同参与大陆桥运输组织。创新绿色运输组织方式。继续开展城市绿色货运配送示范工程建设,鼓励共同配送、集中配送、分时配送等集约化配送模式发展。引导道路货物运输网络平台规范健康发展,提升供需精准匹配度,减少运输空驶率、空载率。

(五)以用助减,拓展碳金融碳市场工具应用

探索参与碳排放权交易。研究建立核算认证体系,探索交通运输碳排放交易有效路径。交通运输行业重点耗能企业应建立能源与碳排放管理体系,

定期开展能源审计,分领域制定分阶段碳减排目标和实施计划,积极参与碳排放权交易。引入绿色金融支持交通低碳发展。金融机构应加大对交通运输绿色低碳项目的支持力度,为新能源交通工具的研发、绿色交通基础设施建设、老旧车辆淘汰更新等项目提供多样化的金融服务。加强跨部门的沟通协调。加大财政资金投入、科学技术创新对交通运输绿色低碳发展的支持力度,落实税费优惠政策,引导新能源交通运输工具加速推广应用。

参考文献:

[1]《天津市交通运输领域绿色低碳发展实施方案政策解读》,天津交通运输,2023 年 1 月 14 日,https://www. app. tjyun. com/tjjt/system/2023/01/31/053607024. shtml。

[2]《〈天津市碳达峰实施方案〉专家解读之五——交通运输绿色低碳行动》,天津发展改革,2022 年 9 月 21 日,https://mp. weixin. qq. com/s/LGF_tLy6l49tIelA4u9RIA。

[3] *CO_2 Emissions in 2023*,国际能源署(IEA),2024 年 5 月,https://www. iea. org/reports/co2-emissions-in-2023。

[4] 李晓易、谭晓雨、吴睿,等:《交通运输领域碳达峰、碳中和路径研究》,《中国工程科学》2021 年第 6 期。

[5]《推进交通运输清洁低碳转型发展　天津持续完善公路货运充电网》,人民网,2024 年 5 月 15 日,https://finance. eastmoney. com/a/202405153076685581. html。

天津能源革命先锋城市建设及提升策略研究报告

李　腾　国网天津市电力公司发展研究中心高级工程师
丁承第　国网天津市电力公司发展研究中心高级工程师
李　维　国网天津市电力公司发展研究中心高级工程师

摘　要： 当前,“四个革命、一个合作”能源安全新战略深入推进实施,城市作为能源消费的主体,是推进能源革命实践的主战场。天津市结合区位特点和实际情况,持续深化打造能源革命先锋城市,在安全可靠、绿色低碳、经济高效、智慧互动、开放有序等方面取得显著成效,但在绿色低碳转型进程、能源产业智慧化程度及市场机制等方面仍存在一些不足,需要进一步加快新型能源体系建设,推进重点领域绿色低碳发展,提升要素资源利用效率和经济属性,深化能源产业智能化智慧化水平,持续提升民生福祉。

关键词： 能源革命　能源电力　绿色低碳　先锋城市

一　天津能源革命先锋城市建设成效

2014 年 6 月,习近平在中央财经领导小组第六次会议就研究我国能源安全战略时提出要推动能源革命,并提出“四个革命、一个合作”的具体要求。党的二十大报告提出“深入推进能源革命”“加强能源产供储销体系建设,确保能源安全”。能源系统建设不能脱离城市的发展,从单一的能源供应角色,逐渐转变为“能源供应 + 产业带动”双重角色。进一步深化落实习近平总书记对能源革命的要求,2020 年 4 月,天津市政府同国家电网公司签署《推进新型基

础设施建设 打造能源革命先锋城市战略合作框架协议》。根据习近平总书记对能源消费、供给、技术、体制和国际合作的具体要求,结合城市发展趋势,形成安全可靠、绿色低碳、经济高效、智慧互动、开放竞争五大能源革命先锋城市内涵特征,推动天津能源转型新格局加速形成。

(一)电力系统的安全保障能力不断提升

城市可持续发展需要能源充足、可持续的供应,能源安全已成为总体国家安全观的重要组成部分。从电力视角看,网架结构上,天津电网220千伏及以上变电站突破百座,110千伏及以上输电线路超过12000公里,形成500千伏双环网和6个220千伏分区,构建四方向九回路"外电入津"通道,电网保持安全稳定运行。发电结构上,2023年天津火电发电量727.5亿千瓦时,占比91.2%;风光合计发电量达到70.5亿千瓦时,占比8.8%。用电结构上,2023年,天津市全社会用电量累计完成1050.9亿千瓦时,同比增长6.0%。分产业看,第一产业累计完成16.27亿千瓦时,同比增长8.6%,占比1.55%;第二产业累计完成637.51亿千瓦时,同比增长3.3%,占比60.66%;第三产业累计完成234.10亿千瓦时,同比增长13.9%,占比22.28%;城乡居民生活用电量累计完成163.05亿千瓦时,同比增长6.4%,占比15.51%。可靠程度上,2023年,天津第三、四季度供电可靠率分别为99.999%和99.997%,与上海、北京等主要城市基本持平,可靠性指标在国内属于较高水平。

(二)能源结构转型升级持续推进

在能源供给侧推进清洁替代,大力发展可再生能源,不断提升一次能源中清洁能源占比;在能源消费侧推进电能替代,提升电能占终端能源消费比重。从能源生产侧和消费侧共同发力,协同推动能源生产消费结构转型,促进碳排放早日达峰。天津能源结构呈现化石能源占比高(接近90%)、煤炭占比高(接近50%)、非化石能源占比低(不足10%)的"两高一低"的突出特点。促进化石能源清洁化利用方面,强化煤炭清洁利用,完善燃煤锅炉改燃关停任务,实施盘山电厂、东北郊电厂等煤电机组节能改造,以煤为主的能源结构逐渐向多元化、清洁化转变;有序扩大天然气消费,深化同上游供气企业战略合作,巩固多方向、多气源供气格局。加快终端用能清洁替代,推进工业、供热等领域电气化,电能替代持续纵深拓展。促进绿色电力消费方面,2023 年,累计达成绿电交易 18.3 亿千瓦时,占全社会用电量比重达到 1.7%,较 2022 年增长 2248%,相当于减少标准煤燃烧 58.56 万吨、减排二氧化碳 145.96 万吨、减排二氧化硫 4.39 万吨、减排氮氧化物 2.20 万吨。绿证交易 16.4 万张,折合绿电电量 1.64 亿千瓦时,21 家市场主体参与绿证交易。在绿色低碳其他指标方面,据天津市发改委统计,截至 2023 年,天津累计建成公共充电桩超 6.7 万台,个人桩超过 12 万台,同期北京建成充电桩约 31.55 万个,上海建成充电桩约 81.3 万个,仍有较大提升空间。全市新能源汽车保有量约 48 万辆。2023 年度碳排放配额 0.74 亿吨,且碳排放履约率达到 100%。大气和水的应税污染物排放量较 2020 年下降了 8.9%。

(三)能源领域经济性持续提升

天津以经济可承受的方式稳步推进能源变革,从能源生产侧和消费侧共同发力,着力提高能源生产、传输、消费全环节的系统效率,开源节流,合力推动能源转型。能源价格方面,居民水电燃料消费价格指数 98.8,相比于北京(100.0)、上海(101.0)指数情况,能源价格涨幅不大。在能源强度方面,天津能源强度不仅与能源效率相关,还与产业结构关系密切,在产业结构方面,2023 年,天津市生产总值 16737.30 亿元(当年价格),比 2022 年增长 4.3%(可比价格),其中,第一产业增加值 268.53 亿元、增长 1.2%,第二产业增加值 5982.62 亿元、增长 3.2%,第三产业增加值 10486.15 亿元、增长 4.9%,三次产业结构为 1.6∶35.7∶62.7,与北京(0.3∶16.2∶83.5)、上海(0.3∶27∶72.7)相比,第二产业比重较高,也一定程度上造成了能源强度较高的客观情况。

(四)能源电力领域产业不断升级

近些年天津持续推进能源系统的智慧化,加强“大云物移智链边”等技术在能源生产、传输、消费全流程的应用,提升供需互动水平,降低交易成本,拓展能源服务的广度和深度,打造能源互联网。同时,以能源系统智慧化助力智慧城市建设,强化智慧能源系统在城市安全应急、管理大数据、社区治理等方面的延伸应用。从电力视角看,天津中新生态城和北辰产城融合区两个智慧能源小镇初步建成,智慧能源工厂、零能耗建筑、多能互补等一批示范项目投入运营,未来还将打造生活宜居智慧能源服务业态,推出全场景协同互动储能、电动汽车智能网联等示范项目,推广能源大数据产品,提升用户用能便捷化、出行低碳化、居住智能化水平。

(五)能源市场不断完善

天津加速构建统一开放、竞争有序的市场体系,努力形成主要由市场决定能源价格的机制。同时,转变政府对能源的监管方式,建立健全能源法治体系。推动建立准入畅通、开放有序、竞争充分、秩序规范的能源市场。在能源合作方面,天津属于资源输入型城市,煤炭、石油等重要资源仍依靠外部调入,其中从电力输入来看,2023 年外来电占全社会用电量的 24.1%。在电力市场建设方面,据《2023 年度天津电力市场交易年报》,在天津电力交易平台累计注册市场主体 2356 家,同比增长 2.26%。其中,电网企业 1 家,同比持平;发电企业 106 家,同比增长 6%;售电公司 108 家,同比减少 40.66%;电力用户 2141 家,同比增长 5.94%。累计完成电力直接交易电力 364.35 亿千瓦时,较 2022 年增长 5.3%。实际参与交易用户 1959 户,同比增长 4.59%。直接交易用户交易电量 14.39 亿千瓦时,占比 3.95%;售电公司代理零售用户交易电量 349.96 亿千瓦时,占比 96.05%。累计完成“外电入津”政府间协议电量 16.33 亿千瓦时,其中,“晋电入津”交易电量 13.47 亿千瓦时,“疆电入津”交易电量 2.86 亿千瓦时。

二　能源革命先锋城市建设过程中存在的不足

与国内先进城市相比,天津还需要着重在绿色转型、智慧产业、市场建设等方面持续深化。

（一）能源电力安全整体水平还有提升空间

当前天津能源电力安全处于较高水平，但仍需加速构建现代能源体系建设，从电力视角看，供电可靠率仍有提升空间。指标上，2023 年，天津第三、四季度供电可靠率分别为 99.999% 和 99.997%，优于全国平均水平（99.911%），属于全国供电可靠性高水平城市，但与深圳、广州仍存在一些差距。城乡偏差上，天津城市与农村地区供电可靠性仍存在一定差距，四季度城区和农村供电可靠率相差 0.007 个百分点（分别为 99.998% 和 99.991%），偏差情况高于北京等城市。

（二）绿色低碳转型仍需持续提速

天津能源消费中化石能源占比较高，2021 年天津煤炭消费占能源消费比重超过 40%，根据《天津市节能"十四五"规划》要求，"十四五"期间煤炭消费量下降 10%，近期压煤减碳压力较大，天津交通运输、建筑等领域绿色转型仍需提速。从电力行业看，天津新型电力系统还处于初步阶段，可再生能源电力装机占比和电量占比不高，根据《天津市可再生能源发展"十四五"规划》要求，"十四五"末天津可再生能源电力装机占比达到 30% 左右，较青海、甘肃等省份存在一定差距。城乡地区充电桩数量和覆盖率存在差异，截至 2023 年，天津累计建成公共充电桩超 7.7 万台，低于上海（17.1 万台）、北京（12.9 万台）；进入 2024 年上半年，天津充电桩数量同比下降 30%，而同期上海、北京分别增长 19%、36%。

（三）经济特性仍需进一步聚焦效率效益

天津能源利用效率和价格优势仍有提升空间。受国际局势影响，能源价格大幅上涨。2023 年，天津能源价格上涨 10.0%，涨幅比 2022 年提高 2.3 个百分点，涨幅达历史最高水平。受国际能源价格波动影响，天津油价共经历 23 次调整，液化石油气、柴油和汽油价格分别累计同比上涨 29.1%、23.4% 和

21.5%,三者涨幅均处于历史最高位。[①] 废弃物综合利用率需要进一步提升。2022年,天津一般工业固体废物处置率(0.5%)较2021年提升0.2个百分点,但与北京、上海等城市存在一定差距。能源强度需要进一步降低。根据《天津"十四五"节能减排工作实施方案》要求,到2025年能耗强度比2020年下降14.5%,截至2022年能耗强度下降基本满足预期,但2025年前仍需保持严格控煤压煤态势。

(四)能源产业智慧程度仍需进一步升级

天津智能制造产业仍需进一步升级。一是能源领域头部企业数量不足。根据2022年中国能源企业100强榜单,天津尚无能源头部企业,与北京、上海存在一定差距。二是绿色低碳领域专利数量仍需提升。根据绿色低碳专利统计分析报告,2016—2023年天津相关领域专利申请10193件,低于北京(50849件)、深圳(29386件)、上海(24819件)等城市;授权数量3404件,低于北京(26888件)、深圳(12127件)、上海(10036件)等城市;有效专利3169件,低于北京(26909件)、深圳(12447件)、上海(9684件)。

(五)能源电力领域市场机制和合作深度需要进一步完善

天津在可再生能源利用、能源节约、能源结构优化等方面出台一系列政策,从电力市场视角看,仍存在一些问题。当前天津尚未形成"中长期+现货+辅助服务"电力市场体系,新型市场主体不多,分布式光伏、储能等入市仍在起步阶段,其中2023年天津外来电约占全社会用电量的24.1%,低于全国平均水平,天津电力市场进程仍需进一步加快。另外,天津外来电占全社会用电量的23.16%,与此相对,北京外来电(764.84亿千瓦时)占全社会用电量(1232.9亿千瓦时)比重约为62.0%,上海市外来电(833.51亿千瓦时)占全社会用电量(1749.62亿千瓦时)比重约为47.6%,可见天津仍有较大资源受入空间。

---

① 《天津调查年鉴2023》,《2022年天津市居民消费价格运行分析》。

三　能源革命先锋城市建设对策和建议

党的二十届三中全会明确,“加快规划建设新型能源体系,完善新能源消纳和调控政策措施”,这是现代化强国建设的关键任务之一,也为深化能源革命先锋城市建设提出了新要求。从天津能源系统的问题和短板来看,天津市能源消费中化石能源占比较高,绿色转型任务艰巨,需要从供给、传输、消费多侧发力,技术应用和机制改革并举,建设新型能源体系,实现能源系统绿色转型;天津市能源领域头部企业较少,缺少全国性的本土能源领军企业,需要以能源转型为契机,发挥智能制造基础雄厚的优势,推进能源产业升级。

(一)加快建设新型能源体系,系统提升能源电力安全水平

落实国家能源安全新战略,锚定2060年前碳中和目标,构建安全可靠、绿色高效的新一代能源系统,切实提升区域能源电力安全水平。

1. 因地制宜推动可再生能源综合利用

大力推动光伏、风电、生物质等可再生能源发展,构建可再生能源示范区,加快提升可再生能源资源评估、功率预测、智慧调控能力。推进构网型新能源、长时间尺度功率预测等新技术应用。就近开发分布式可再生能源和地热资源,充分结合建筑节能技术、热泵回收技术、冷热电三联供等技术,实现对可再生能源的综合利用。

2. 建立新型能源市场体系,优化能源资源配置

稳步推进电力、油气等能源市场化改革,需要加快建立和完善以市场为导向、与宏观调控相结合的能源价格形成机制,全面理顺能源产品价格体系,充分发挥市场对资源配置的决定性作用,更好发挥政府作用,将有效市场和有为政府充分结合起来,构建竞争充分、监管有效的能源市场体系。加快推动全国统一电力市场建设,加速推进、尽快启动现货市场建设,持续推动各种新型主体入市,有效发现电力价格。

3. 挖掘综合能源示范项目的推广应用价值

打破“电、气、热、交通”等城市多种能源的互联互通壁垒,以深度融合、先行先试、因地制宜为原则,聚焦分布式发电、充电桩、储能、微网等新兴领域,在有条件的园区、企业等建设一批能源互联网示范项目,通过能源流、信息流的整合实现多种能源的优化配置。利用天津两个智慧能源小镇建设,总结梳理可推广、可复制的示范项目,打造能源互联网样板工程并逐步扩大示范范围。

4. 完善能源监测预警和应急保障机制

能源行业主管部门和其他部门协作建立能源监测预警体系,加强日常调度,密切跟踪能源供需形势,动态监测能源安全风险,针对常态下的供需变化、应急状态和其他极端情形制定供应保障预案,明确应急措施和响应机制,确保能源安全稳定供应。

(二)大力推进交通领域绿色发展,加速城市低碳转型

1. 持续深化绿色电力交易机制

加快建立基于绿证的绿色电力消费认证机制,推进绿证绿电与全国碳市场衔接。将绿色电力消费要求纳入绿色产品评价标准,拓展绿色产品认证目录,研究制定政府采购支持绿色产品相关政策,推动主要采用绿色电力生产的产品享受绿色金融等政策。

2. 大力推广光伏建筑一体化

把优先利用可再生能源纳入城镇的规划、建设、更新和改造。推动城镇新建建筑全面执行绿色建筑标准,不断提高可再生能源电力、热力和燃气的替代要求。推广超低能耗、近零能耗建筑,发展近零碳建筑,推动建筑柔性用电技术应用。推动既有建筑屋顶加装光伏系统,推动有条件的新建厂房、新建公共建筑应装尽装光伏系统。推动新建公共建筑全面电气化,推广电热泵热水器、高效电磁炉灶等替代燃煤燃气产品,推动高效直流电器与设备应用。在太阳能资源较丰富地区及有稳定热水需求的建筑中积极推广太阳能热应用。因地制宜推进地热能、空气源热泵和集中式生物质能等供热制冷应用,偏远地区可按照就地取材原则利用户用生物质成型燃料炉具供暖。

3. 建立公交优先的客运交通体系

开展绿色公交规划，以公交优先、绿色环保为原则，以先进的智能运用调度管理系统规划为支撑，实现公共交通为主导、步行与自行车为主要补充的城市绿色交通系统。推进轨道交通、地面公交、慢行交通多层次绿色出行体系，建成以轨道交通为骨干、城市公交为主体的公共交通系统。优化城市公交线网结构，研究公共交通换乘优惠政策，增强公共交通出行吸引力。

4. 优化布局绿色交通基础设施

在中心城区三大环线以及卫国道、卫津南路等组成的中心城区“三环十四射”交通主动脉，在滨海新区核心区、自贸区的主要道路，连接市、区县的主干道沿线建设充电站点，打造便捷、高效、安全的市内充电骨干网络。根据电动汽车运行及驻停的规律特点，在机场、火车站、城市“P＋R”停车场、大型商超、文体场馆、旅游景点、公交场站、医院学校、大型居住区等热点点位，建设充电设施，方便电动车出行充电。

（三）提升要素资源利用效率和经济属性，保证能源高效率、可持续转型

统筹从城市规划到废物利用的全流程要素流动，提高能源电力资源高效利用，如在循环利用层面，借势中国资源循环集团优势，通过减量化技术、资源化技术、无害化技术等实现各类资源循环再利用，对降低能耗总量、提高能源使用效率具有重要意义。

1. 落实双控目标，提高能源效率

根据“能耗双控”向“碳双控”转变新要求，将“双控”目标分解至区人民政府、行业主管部门和重点用能单位，按季度开展形势分析，按年度进行评价考核。加强重点用能单位节能管理，推动运行能源管理体系，建设能耗在线监测系统。加强工业、建筑、交通、公共机构等重点领域节能，开展工业节能诊断服务和专项节能监察。

2. 注重土地紧凑高效利用

城市规划与建设应注重土地紧凑利用，创新土地紧凑利用新方法、新理

念、新技术。在条件适宜地区进行立体空间、地下空间的开发与综合利用,对其空间开发模式、开发时序、开发类型等进行深入分析。另外,通过划定城市增长边界,划定不同类型的生态功能分区,在各空间尺度进行密度分区和开发强度控制,有目的控制城市建设用地的集约高效发展。

3. 注重居住功能与生态环境协调

进行住宅选址时,应优先选用已开发地区、已开发地区的邻近区域、开发区内预留的空地,提倡旧区改造,不能破坏历史文化街区和历史建筑。进一步,选址应注重周边生态环境保护,鼓励对受污染区域、废弃地等区域进行改造与再开发。

4. 建立完善资源循环体系

依托中国资源循环集团行业优势,打通资源循环产业链条,进一步完善资源回收体系。积极培育发展二手市场,提高资源利用效率。对于废弃资源的回收,可优先考虑在本地回收利用,不能在本地回收利用的部分,考虑跨区合作。制定一系列的标准规范,为资源循环利用的过程中每一个技术环节提供技术依据。加大引导和扶持力度,利用价格、政策、奖励、财税等手段,保证开展资源循环的上下游企业起步期的合理收益。

(四)以智能制造推进能源领域智慧化程度

推动产业升级是京津冀协同发展的重点领域,也是降低能源强度、力争较早实现碳排放达峰和碳中和目标的必要条件。随着新一代信息技术在各产业的应用融合,天津需要打造智能制造基地促进天津产业转型升级,构建立足区域、服务全国、辐射全球的优势产业集聚区,持续提升能源领域智慧化程度。

1. 构建全国一流的智能科技创新生态

发挥好政府引导作用和市场主导作用,发挥天开园优势,推动人才、技术、资本等创新要素加速集聚,打造各方资源汇聚融合的智能科技创新生态。建立清洁能源国际合作统计分析平台,推动工业、交通、建筑、农业农村等重点领域可再生能源应用先进技术装备研发的国际合作。支持与国际机构开展绿证绿电交流,推动绿证“走出去”。

2. 加大财政投入，提升能源科技自主创新水平

创新能源科技支撑机制，以新能源和节能技术的自主研发为重点，加大科技投入。构建以市场需求为导向、以企业为主体、产学研用相结合的能源技术创新体系，优先支持一批拥有自主知识产权的技术和产品。促进能源科技成果产业化，推广成熟的技术和解决方案在重点工程建设项目上的应用。

3. 加快智能科技新兴产业培育

发挥天河数据中心等智算优势，加快人工智能等产业布局，加快关键技术转化应用，促进技术集成与商业模式创新，积极培育以智能机器人、智能驾驶、智能传感器为重点的智能科技新兴产业，打造具有国际竞争力的人工智能产业创新中心和产业集群。

4. 推动重点产业智能化升级

推动智能科技与各产业领域深度融合，深化智能科技在生产运营、远程运维服务、供应链管理等方面的应用，以智能化推动传统产业向高端化发展。推进智能制造关键技术装备、核心支撑软件等系统集成应用，大力发展工业互联网，推广流程智能制造、离散智能制造、网络化协同制造等新型制造模式，加快建设全国先进制造研发基地。

5. 培育壮大智能科技产业主体

深化天开园建设，吸引智能科技领军专家和企业落户津门，培育一批具有核心竞争力的龙头企业，形成一批智能科技“天津品牌”。加强智能科技原始创新供给，加速构建先发优势，系统提升持续创新能力，打造开源开放、共创共享、协同发展的智能科技创新体系。布局智能科技前沿基础理论研究，突破智能科技关键共性技术，搭建智能科技创新平台。

（五）全面履行政府职能，持续提升民生福祉

由政府牵头打造良好的公共服务体系，是推进共建共治共享社会的基础，将有助于促进能源革命行动在各个领域的有效落实，形成人人参与、人人受益的良性机制。

1. 强化社会管理,全面履行政府职能

政府作为基本公共服务的供给主体,在教育、医疗、社会保障、就业和住房保障等领域应建立惠及全民的基本公共服务体系,改革公共服务方式,完善公共服务网络,保障公共服务供给。结合公众参与和城市共建的精神,让城市管理有最大的弹性,使公众参与决策过程,鼓励市民参与公共事务决策,共同治理城市发展面临的问题。

2. 深化新能源电力市场建设

深化新能源上网电价市场化改革,建立和完善适应可再生能源特性的电力中长期、现货和辅助服务市场交易机制,支持可再生能源发电项目与各类用户开展直接交易及与用户签订多年购售电协议。推动具备提供辅助服务能力的可再生能源发电或综合利用系统公平参与辅助服务市场。建立健全可再生能源供热、生物天然气、清洁低碳氢的市场机制。

3. 提升能源电力普惠性

根据城乡能源需求特点,优化能源供应布局,强化能源网络、特别是电网投资建设,持续深化城乡均等化服务水平。推动农村生产生活电气化改造升级,建设乡村能源站,提高农村能源公共服务能力。建立健全城乡能源服务体系,强化同质化能源电力咨询、维修和应急服务,提高用户满意度。

4. 发挥区位优势,推进能源开放合作

深化“三通道两落点”的特高压电网受电格局,强化与华北电网协调发展,结合华北区域规划持续提高天津电网外受电能力。同时,推动氢能产业化发展,依托港口码头、内陆管网,超前布局氢能管网,推动外氢入津。统筹配置国际国内创新资源,不断扩大世界智能大会等大型会展的品牌效应和影响力,加强与共建“一带一路”国家的绿色能源合作,深化绿色能源务实合作,推动建成一批绿色能源最佳实践项目。

参考文献:

[1] 天津市统计局,国家统计局天津调查总队:《2023 年天津统计年鉴》,中国统计出版社,2023。

[2] 天津市发展和改革委员会:《天津市能源发展“十四五”规划》,2022 年 2 月发布。

[3] 国家知识产权局:《2024 年绿色低碳专利统计分析报告》,2024 年 7 月发布。

[4] 国家知识产权局:《国家知识产权局 2022 年度报告》,2023 年 4 月发布。

[5] 中华人民共和国生态环境部:《2022 年生态环境部统计年鉴》,2023 年 12 月发布。

[6] 中国城市规划设计研究院:《2023 年中国主要城市充电基础设施监测报告》,2023 年 8 月发布。

[7] 天津市生态环境局:《2023 年天津市生态环境状况公报》,2024 年 6 月发布。

[8] 北京理工大学:《中国碳市场回顾与展望(2022)》,2022 年 1 月发布。

天津“无废城市”建设发展研究报告

张　毅　南开大学生态文明研究院、环境科学与工程学院博士研究生
汲奕君　南开大学生态文明研究院、环境科学与工程学院副教授
刘晓松　南开大学生态文明研究院、环境科学与工程学院硕士研究生

摘　要： “无废城市”建设是新时代中国特色社会主义生态文明建设和“美丽中国”目标的重要内容，也是污染防治攻坚战中的关键任务。伴随城市化和工业化的推进，天津市固体废物产生量不断攀升，给生态环境带来巨大压力。天津市积极响应国家“无废城市”建设号召，以“源头减量、资源化利用、无害化处置”为核心，推动绿色生产与生活方式的转型，取得了显著成效。然而，在设施布局、信息化覆盖、激励政策和公众参与度方面仍存在不足。为此，建议进一步优化政策支持，合理布局固废处理设施，建设覆盖全市的信息化管理平台，以实现固废流转全程监控。同时，强化企业和社区的激励措施，提升公众参与度，并通过深化区域协作，持续提升固废综合治理能力，深入推进“无废城市”建设。

关键词： “无废城市”建设　固体废物管理　循环经济

一　“无废城市”建设背景

（一）国家“无废城市”建设规划

随着我国城市化、工业化的持续发展和人口规模的增长，固体废物产量持续攀升。据统计，全国每年产生固体废物超 100 亿吨，历史堆存总量高达 600

亿至700亿吨,严重威胁生态环境。党的十八大以来,习近平总书记多次强调固体废物污染防治的重要性,倡导绿色发展与生态文明建设,以实现美丽中国的长远目标。2018年12月,国务院印发《“无废城市”建设试点工作方案》,在全国范围内启动“无废城市”建设试点工作。经过积极探索与实践,试点工作取得一定进展。2021年12月,生态环境部联合多部门印发《“十四五”时期“无废城市”建设工作方案》,计划推动100个左右地级及以上城市开展“无废城市”建设。2023年7月,习近平总书记在全国生态环境保护大会上进一步明确了“无废城市”建设对生态文明建设和美丽中国建设的战略意义。

“无废城市”是基于创新、协调、绿色、开放、共享的新发展理念,致力于推动绿色生产和生活方式的全面形成,通过源头减量和资源化利用来最大限度减少固体废物的填埋需求。① 这一新发展模式以减少固体废物产生、提高资源循环利用为核心,旨在降低废弃物对环境的影响,并提升城市整体的生态管理水平。推进“无废城市”建设具有重要意义,不仅是实现固体废物减量化、资源化、无害化的关键措施,更是促进城市绿色发展转型、提升生态环境质量和宜居水平的有力手段。② 通过“无废城市”建设,城市在固体废物管理中构建长效机制,打造绿色、低碳、可持续的发展路径,进而为经济社会高质量发展提供坚实的基础。

(二)天津“无废城市”建设顶层设计

作为我国重要的工业和港口城市,天津固废种类多,产量大,推进“无废城市”建设已成为提升生态环境和改善市民生活质量的重要任务。2019年5月,中新天津生态城入选首批国家“无废城市”建设试点。天津积极响应国家号召,全力推动生态城开展试点工作,在体制机制、项目建设、绿色文化和国际合作等方面取得显著成效。天津将“无废城市”建设纳入《天津市生态环境保护

① 李干杰:《开展“无废城市”建设试点提高固体废物资源化利用水平》,《环境保护》2019年第2期。

② 陈瑛、滕婧杰、赵娜娜,等:《“无废城市”试点建设的内涵、目标和建设路径》,《环境保护》2019年第9期。

“十四五”规划》,2022 年出台了《天津市“十四五”时期“无废城市”建设工作方案》(以下简称《方案》),全面提升固废管理水平。《方案》指出,到 2025 年,天津主城区、东丽区、滨海高新区、东疆保税港区和中新生态城将基本建成“无废城市”,其他区将累计创建不少于 100 个“无废细胞”。《方案》聚焦固废的全流程管理,实现危险废物、工业固废、农业废物、生活垃圾和建筑垃圾等主要固废类别的源头减量、资源化和无害化目标。在工业固废领域,通过推动清洁生产和资源化利用,将全市主要工业固体废物综合利用率保持在 98% 以上;在农业废物管理方面,注重发展生态农业和循环农业,推动主要农作物秸秆综合利用率达 98%,确保 2025 年农膜回收率不低于 85%。生活垃圾方面,完善垃圾分类、收运和再生资源回收体系;建筑垃圾方面,推广绿色建筑与装配式建筑技术,鼓励再生建材应用以降低对原生材料的依赖;危险废物方面,着力提升医疗废物和工业危废的监管和安全处置能力,降低环境风险。此外,《方案》强调构建固废治理的区域合作机制,推动信息共享和跨区域资源共享,逐步形成区域协同的固废管理体系。

二　天津“无废城市”建设进展

天津市在“无废城市”建设的过程中,围绕政策支持、公众参与、循环经济、国际合作和智能化管理等方面,逐步构建起系统化的固废管理体系,并已取得显著成效。这些创新措施不仅推动了节约资源和保护环境目标的实现,也为全国“无废城市”的建设提供了可推广的示范经验。

(一)完善政策体系,推进协同治理

天津市在“无废城市”建设的顶层设计方面,构建了系统化的政策体系,促进各项措施有效落实。通过“市—区—街道”三级联动协同治理体系确保了政策的落地与贯通,以定期进行联席会议、专项检查、重点区域专项督导等方式提升部门间的信息共享和协调能力。为推动企业参与“无废城市”建设,市生态环境局印发《天津市生态环境局减污降碳新技术新工艺研发示范和推广应

用项目补助申报管理指南(2024 年)》,将“无废工厂”创建列入重点支持方向,为企业绿色转型和资源回收提供了重要支撑。加强京津冀城市资源共享与流转合作,形成了区域协同的资源利用模式,三地签署《京津冀“无废城市”协同共建合作框架协议》,建立了政策协同机制和资源调度网络,将废旧资源回收、分拣和再生利用延展到整个京津冀区域,在区域一体化的绿色经济发展中起到了关键作用。

在危险废物管理上,天津市生态环境局联合北京市生态环境局和河北省环境厅印发《京津冀危险废物“点对点”定向利用豁免管理试点工作方案》,进一步拓宽了京津冀危险废物利用渠道,促进了危险废物的多元综合利用。天津环渤新材料有限公司作为试点企业,通过与北京经开区半导体公司合作,在 5 个月的试点期内定向利用废硫酸 1484 吨,产生经济效益 273 万元。[①] 在生活垃圾管理中,推广“两网融合”机制,推动垃圾分类与再生资源回收协同发展,通过积分制等激励方式在社区层面推广垃圾分类,逐步培养居民绿色生活习惯。在固废资源化方面,印发《天津市加快废弃物循环利用体系建设实施方案》,明确推进废弃物资源化利用的总体目标和实施路径,为提升资源回收利用率、构建绿色循环经济体系提供了系统性支持。

(二)加强循环经济建设,推动产业转型

天津在循环经济建设方面取得了显著成效,通过政策扶持、资源化利用和技术创新,推动了固废的高值化和精细化处理。园区层面,天津子牙经济技术开发区作为循环经济的典范区域,截至 2024 年 7 月已入驻循环经济企业 156 家,形成了废旧机电、报废汽车、废旧电子电器、废旧动力电池四大再生资源产业链条。据测算,园区年均处理各类再生资源近千万吨,每年可向市场提供再

① 《“推动京津冀协同发展走深走实”系列新闻发布会第四场:生态环保联建联防联治》,天津政务网,2024 年 5 月 9 日,https://www.tj.gov.cn/sy/xwfbh/xwfbh_210907/202405/t20240509_6620007.html,访问时间:2024 年 11 月 20 日。

生铜、铝等资源达150万吨。[1] 同时,天津子牙经济技术开发区拥有市场主体938家,2023年,规模以上工业企业实现产值151.8亿元。终端产品主要涉及再生铜、再生铝、塑料颗粒等,逐步覆盖全国各地的再生资源原材料市场,成为辐射京津冀“城市矿山”基地,形成了“静脉串联、动脉衔接”,产业间“动态循环”的循环经济“子牙模式”。企业层面,天津积极引导和支持龙头企业推动再生资源高值化处理。天津新能再生资源有限公司自主研发的“报废王”云平台线上交易商家已达15000余户,辐射全国80%的省市地区,近3年累计回收各类再生资源达219万吨,线上交易额达880亿元。通过引入大数据平台“新能云数据中心”,实现了线上下单、上门回收、实时回款、全流程实时追踪,极大提升了资源流转的便捷性和再生利用效率。格林美公司积极构建了退役动力电池一级终端回收、二级回收储运、三级拆解与梯级利用、四级再生利用的回收网络体系,实现了从“毛细端”到“主干端”的资源循环渠道,并通过与超800余家国际品牌合作,搭建了全球化退役电池回收与再生网络,进一步提升再生材料的市场竞争力。此外,天津鼓励企业在资源回收、精细化分拣和深加工技术方面进行创新。通过引导企业与科研机构加强合作,聚焦突破固废资源化和再生资源高值化的技术瓶颈。格力钛新能源有限公司大力实施车型研发、核心零部件等关键技术攻坚战略,实现了产业链、供应链、价值链和创新链的有机融合。TCL奥博作为天津最大的家电回收处理企业,创新性地实现了废旧塑料的高值化生产,不仅提高了产品的市场价值,还为塑料循环利用提供了新的思路和方法。

(三)推动绿色生活方式,提升公众参与度

天津高度重视公众环保意识的培养和绿色生活方式的推广,通过创建“无废细胞”构建了覆盖社区、机关、学校、企业等20多种典型场景,倡导节水、节能、节材等绿色理念,推动全社会逐步融入“无废文化”。制定了详细的“无废

① 《吃“废”吐“新”建起绿色“城市矿山”——走进天津子牙经济技术开发区》,天津政务网,2024年7月8日,https://www.tj.gov.cn/sy/tjxw/202407/t20240708_6669951.html,访问时间:2024年11月20日。

细胞”场景实施方案和评价标准,设立“无废家庭”“无废学校”和“无废商场”等多种示范项目,鼓励居民在日常生活中积极参与垃圾分类、绿色消费和低碳生活。河西区在全市率先完成了“十四五”期间 100 个“无废细胞”的建设任务,发挥了示范引领作用。西青区通过创建“无废园区”“无废乡村”等,构建起全市首个“无废科技园”,实现了区域“无废建设”的全面覆盖。东疆保税港区建立了全国首个五星级“无废码头”示范点,推动绿色港口建设。

为增强社会参与度,天津在多个社区开展“无废家庭”示范项目,通过丰富多样的激励机制调动居民参与环保的积极性,推动市民从被动接受到主动实践“无废生活”方式,形成广泛支持的无废生态基础。通过设置垃圾分类展示区和文化墙等方式,帮助居民掌握垃圾分类的正确方法,推广“生态值”奖励计划,居民可通过垃圾分类等环保活动获得积分,逐步将无废理念内化为日常习惯。积极推动无废理念进入教育体系,以青少年群体为重点培养对象,促进“无废文化”进校园,增强青少年对资源利用和环保的意识。例如,中新天津生态城设立了垃圾分类教育体验馆,通过模拟真实分类场景让市民在实践中提升环保意识,居民还可以通过智能平台的互动功能学习垃圾分类知识,获得积分奖励。通过环保知识竞赛、实践活动和志愿服务,增强青少年对固废管理的认知,使无废理念在校园内深植并辐射至家庭。充分利用新兴媒体和传统媒体,通过主流媒体、户外广告和社交平台宣传绿色生活方式。例如,结合视频讲座和宣传活动让市民加深对无废理念的理解。在“世界环境日”“世界地球日”等节点,与媒体和社区组织合作,线上线下同步推广无废活动,使绿色生活方式逐步渗透到市民日常生活中。

(四)创新智慧管理体系,推动精细化治理

天津市在固废管理中逐步引入物联网、大数据和人工智能技术,建立了覆盖全过程的智慧管理体系,为提升管理的精细化、实时化和智能化奠定了基础。智慧管理体系整合了固废管理从投放、收集、运输到终端处理的各环节数据,通过集中管理和实时更新,增强了数据的追踪能力和操作透明度。在中新生态城和河西区等试点区域,天津进行了智慧管理体系的初步探索,积累了实

践经验。例如,中新天津生态城利用云平台将固废管理全过程数据集中于云端,通过物联网技术进行实时监控,并积极推进居民垃圾分类的智能积分奖励机制;河西区引入区块链技术,开发了“区块链 + 无废河西”小程序,通过整合固废管理数据,形成“无废河西”基础数据库。截至 2024 年 3 月,已有 614 家产废单位接入小程序,涵盖企业、汽修、社区和酒店等 80 个“无废细胞”,累计固废申报总量达 7.6 万吨,显著提升了监管水平,数字赋能逐步显现。[①]。此外,智慧管理体系还促进了市政、环保、交通等部门的数据共享,构建了“智慧中枢”式的协同治理网络。各部门通过实时监控固废收集、运输过程和处理设施的运行状况,确保了各环节无缝衔接,实现从分散管理到一体化管理的转变。结合物联网和电子标签技术,当系统检测到异常情况时,物联网传感器和摄像头能够实时收集数据并自动发出警报,将“事后处理”转变为“事前预防”,显著提升突发事件的响应速度并有效降低环境风险。

(五)深化国际合作,推动治理体系创新

中新天津生态城作为中新两国合作的生态示范项目,为天津“无废城市”建设注入了国际视野和先进管理理念。中新天津生态城在规划设计上借鉴了新加坡的环境治理政策和管理经验,构建了符合本地特点的“无废城市”建设指标体系,从源头减量、资源化利用到无害化处置等方面全面推进固废管理,为全国其他地区提供了有价值的参考框架。此外,中新天津生态城积极引入瑞典、日本等国家的先进垃圾资源化处理技术,通过技术合作大幅提升了垃圾处理的现代化水平。中新天津生态城南部片区通过引入瑞典的垃圾气力输送系统,有效提高了垃圾处理效率,减少了二次污染。

在环保教育方面,中新天津生态城与国际机构合作推进无废理念的公众教育项目,通过宣传片、讲座和展览等多种形式,全面增强居民的环保意识。

---

① 《启动“区块链 + 无废城市”试点建设　以生态环境高水平保护推动经济社会高质量发展》,无废天津,2024 年 3 月 6 日,https://www.hbzhan.com/news/detail/173868.html,访问时间:2024 年 11 月 20 日。

通过与日本和瑞典的合作，中新天津生态城的环保教育设施实现了升级，建立了垃圾分类教育体验馆，为居民提供学习机会，使垃圾分类和资源化利用的知识更加深入人心。居民可以学习如何正确分类垃圾，并通过互动体验深入理解循环经济的核心概念，这一举措显著增强了居民的环保参与意识。此外，中新天津生态城在智能垃圾处理方面也取得了显著进展，引进了欧洲的智能垃圾回收系统，实现了垃圾分类全流程的自动化管理，从投放、识别、分类到集中处理均由数字平台监控，极大提高了分类准确率，并通过积分奖励鼓励市民积极参与，实现了居民分类行为与城市管理效率的双赢。

在制度创新方面，中新天津生态城积极吸纳欧洲的“限塑”政策，通过在社区和商场内广泛推广“限塑”宣传，鼓励居民减少塑料使用并倡导环保购物。与国内外环保组织联合，中新天津生态城在居民区和商业区设立限“塑教”育站，向市民普及塑料污染的危害及替代品的使用方法，逐步推动环保消费习惯的形成。此外，中新天津生态城创新性地引入新加坡的“监管沙盒”模式，建立了固废管理试点机制，允许新技术、新模式的试验性应用，为无废技术创新提供了空间。例如，在处理危险废物方面，中新天津生态城与瑞典合作采用绿色技术，对其适用性、经济性和环境效益进行严格评估，并将结果反馈给相关企业，与监管部门共同商讨优化方案，形成了一种动态管理方式，确保固废处理技术符合环保标准且具备经济效益。通过一系列国际合作和制度创新，天津市在“无废城市”建设中逐步建立起国际化的固废治理标准。

三　存在问题和挑战

（一）固废管理制度和标准体系有待完善

在“无废城市”建设背景下，天津已初步建立固废管理的政策框架和部分法规标准，并逐步推进固废资源化利用体系建设。然而，当前管理制度和标准体系仍需进一步健全，以全面覆盖各类固废的资源化和无害化管理需求。现有制度在细化程度上尚存在不足，特别是在建筑垃圾、危险废物和生活垃圾的分类管理、资源化利用技术规范及监管要求方面,相关实施细则和标准尚待细化,以确保政策在全市范围内统一执行。此外,危险废物全过程监控和电子联单制度在跨区域的协调和管理机制上尚有完善的空间,以满足不同区域间在危险废物处理中的协同需求。

(二)固废处理设施和技术水平有待提升

一方面,天津固体废物年产量持续上升,现有的资源化和处置设施仍不充分。大量建筑垃圾主要通过填埋方式处置,仅 6% 实现资源化利用。[①] 为提升建筑垃圾处理能力,城市管理部门已启动部分资源化设施建设和技术引进,但实现高效的资源化利用仍面临技术和设施建设上的挑战。另一方面,危险废物也存在处置设施容量与实际需求不平衡的问题,增加了跨区调度的运输成本和环境风险。中小产废单位的危险废物分类和运输监管难以实现全程覆盖,导致部分危险废物在处理链中出现管理盲区。因此,提升处理能力和合理设施布局以应对增长需求已成为当务之急。

(三)固废管理信息化建设水平有待提升

天津在固废管理信息化方面确实已取得一些进展,但当前系统的覆盖率和实时性仍有不足。现有系统尚未实现对固废流转的全链条动态监控和智能化管理,且信息化平台的覆盖范围有限,中小产废单位的废物流转数据尚未实现全面实时监控,部分区域"信息孤岛"现象制约了固体废物的精细化管理。此外,信息化平台在跨部门和跨区域的数据共享方面也存在不足,影响了协同管理的效率和整体调度能力,需进一步增强信息化系统的覆盖和联通性。

(四)公众环保意识和无废理念的普及有待增强

天津广泛推行"无废细胞"建设,实际执行中部分社区居民参与度较低,源

① 《2023 年天津市固体废物污染环境防治信息公告》,2024 年 6 月 14 日,https://sthj.tj.gov.cn/YWGZ7406/HJGL7886/GTFWGL6110/202406/t20240614_6652500.html,访问时间:2024 年 11 月 20 日。

头分类的执行效果不佳，影响了生活垃圾资源化管理的效率。虽然无废理念的宣传教育活动频繁开展，但居民对垃圾分类、回收利用等无废理念的深入了解仍需加强。此外，部分居民对垃圾分类的操作流程不熟悉，也限制了“无废城市”建设在全社会的有效推广。因此，提升市民对无废理念的理解和认同，逐步内化为自觉行为，将是“无废城市”建设中不可忽视的一环。

四　对策建议

（一）健全政策支持体系，提升协同监管效果

进一步推动天津“无废城市”建设，首先需要建立多部门联动的监管机制，确保各部门职责明确，形成统一、清晰的政策实施标准。通过定期的跨部门联席会议协调政策执行，优化资源配置，增强政策落实的连贯性和执行效率。考虑到小微企业在资源化利用方面参与度较低，建议引入专项资金、税收减免和技术支持等激励政策，降低小微企业参与“无废城市”建设的门槛。此外，可设立企业环保合规评分机制，对表现突出的企业给予政策倾斜，以鼓励企业增强环保意识，提升资源化利用水平。通过联合检查、专项督查等形式，加强政策执行监督，确保各项措施落实到位，逐步形成全市多主体共建“无废城市”的良好格局，为政策引导和市场驱动相结合的环保发展模式提供强有力的支撑。

（二）优化固废处理设施布局，提升处理能力

根据各区域的具体需求合理布局固废处理设施，特别是在远离核心处理区域的地带设立小型模块化处理设施，实现固废的就地处理，降低运输成本并减少环境压力。通过引入先进资源化处理技术，提高建筑垃圾的资源化利用率，逐步减少对填埋的依赖。同时，设立科技创新基金，支持企业引进高效资源化技术，以实现固废的高值化利用。在危险废物管理方面，可进一步增设处理设施并完善跨区域调度机制，尤其是在危险废物产量高的地区设立区域性处理中心，从而增强处理能力并确保合规管理。

(三)推动循环经济建设,增强资源利用效能

充分发挥经济开发区在再生资源产业中的优势,通过政策扶持、技术创新和资金引导,进一步扩大再生资源处理规模,构建高效的产业集群,特别是针对废旧金属、塑料、橡胶等资源的深加工和精细化利用,不断提升其高值化和市场竞争力。为提高循环利用效率,建议在企业间建立技术共享和协作机制,鼓励在回收、分拣、加工等环节上进行技术创新,同时通过设立技术创新基金支持研发,推动再生资源产业链的整体优化。此外,积极探索与京津冀区域城市的资源共享和流转机制,构建跨区域资源调度网络,实现资源集约化利用与区域协同增效。加强区域合作,与周边城市共同制定统一的循环经济政策和行业标准,进一步优化跨区域资源循环的制度环境。通过创新基金和政策激励,支持资源循环企业在技术水平和设备优化方面实现提升,使天津逐步发展为京津冀区域循环经济的核心枢纽,形成高效的再生资源产业链,为"无废城市"区域一体化建设树立示范标杆,助力天津在循环经济和可持续发展方面迈向新高度。

(四)提升固废管理信息化和智能化水平

加快建立统一的固废管理信息平台,确保市、区两级部门实时共享固废流转数据,提高监管效率和资源调度的精准性。借助该平台,各区能够高效协同,全面追踪固体废物的处理流向,进一步优化管理水平。针对中小产废单位的监管薄弱环节,应推广电子联单制度,确保固废流转全程得到实时监控,进一步结合物联网和区块链技术,完善数据链条,实现系统全覆盖并消除"信息孤岛"。通过引入人工智能和大数据分析功能提升固废管理的智能化水平,预测废物产量高峰,优化处理方案,全面提升固废管理信息系统的响应能力和管理效能。

(五)培育"无废文化",倡导绿色生活方式

全面推进绿色生活方式,从政策引导和社区教育入手,在全社会建立起广

泛的“无废文化”支持体系。首先,通过政策宣导和宣传渠道,加大“无废文化”的推广力度,将其渗透至城市管理、社区服务、学校教育等层面,逐步形成公众对“无废文化”的普遍认同。同时,在社区中设立“无废家庭”示范项目,以积分奖励、分类竞赛等形式鼓励居民积极参与垃圾分类和资源化利用,将“无废文化”融入居民日常生活。通过在学校中开展环保课程、知识竞赛和实践活动,构建覆盖家庭、社区、学校的多层次宣传网络,帮助青少年深入理解“无废文化”的重要性。此外,定期组织环保志愿服务活动,推动社区清洁日和废物再利用创意活动,使市民在实践中掌握源头减量和分类的方法与重要性。借助这些综合措施,天津市将逐步建立绿色生活方式的支持基础,为“无废城市”建设提供长期而有力的保障。

天津推进绿色金融高质量发展研究报告

张　彦　天津市生态环境科学研究院正高级工程师
张洪雷　天津宁河区东棘坨镇党委副书记

摘　要： 当前，绿色金融日益成为推动可持续发展和绿色转型的重要工具，天津作为中国北方的经济与金融中心，正积极探索通过金融手段支持绿色低碳发展，优化产业结构，推动高质量经济发展，在绿色金融领域已取得一定进展，出台了一系列绿色金融政策，推动绿色信贷、绿色债券、绿色基金等金融产品创新，并积极建设碳排放交易市场和绿色金融数字平台。但是天津在绿色金融领域仍面临着政策认知不足、法律监管缺失、金融产品创新不足、风险管理薄弱和国际合作机制不完善等问题。建议进一步强化政策体系，创新发展模式，推动金融科技与数字化转型，完善市场制度，强化协作机制和丰富交流合作等，促进天津充分发挥绿色金融在高质量发展中的重要作用，提升区域经济竞争力，助力实现碳达峰、碳中和目标，并为全国绿色金融发展提供示范。

关键词： 绿色金融　高质量发展　机遇与挑战　政策体系

一　天津绿色金融发展现状

（一）绿色金融内涵及主要表现形式

绿色金融是将金融活动与环境保护、可持续发展相结合的产物，通过金融手段支持环保与低碳经济,推动资金流向环保型产业和项目,降低环境风险,实现经济与环境的可持续发展。其形式包括绿色信贷、绿色债券、绿色基金及环境风险评估等,旨在优化资本配置,推动绿色转型。

20 世纪 70 年代,绿色金融萌芽,1992 年联合国首次提出“绿色金融”概念,21 世纪后绿色金融进入成长期。2015 年联合国大会第七十届会议通过的《2030 年可持续发展议程》和 2016 年二十国集团杭州峰会通过的《二十国集团绿色金融综合报告》为全球绿色金融发展指明了方向。2016 年 8 月,我国发布《关于构建绿色金融体系的指导意见》,逐步建立了绿色金融机构框架。2020 年,中国人民银行拓展绿色金融业务范畴至股权投资等领域。如今绿色金融已逐步进入成熟期,2021 年全球绿色融资达 5406 亿美元,市场前景广阔,我国积极推动《“一带一路”绿色投资原则》,加强国际合作,推动绿色发展。

随着全球环境保护意识的日益增强,绿色金融正逐步成为金融市场的主流方向。其通过引导资本流向绿色低碳产业,推动产业结构升级与传统行业转型等方式,助力经济提质增效与可持续发展。未来,绿色金融将通过创新绿色债券、绿色基金等产品,为企业提供多样化的融资途径,促进绿色技术研发与应用,激发企业创新活力。同时,绿色金融将引导资金支持绿色消费,优化消费结构,推广绿色产品、绿色消费文化,为经济的可持续发展提供新动力。

(一)绿色金融政策导向

1. 国家层面的绿色金融政策导向

我国高度重视绿色金融的战略地位,陆续出台政策文件明确其在促进经济环保转型和可持续发展中的重要作用,推动绿色金融服务美丽中国建设。不断加大绿色金融支持力度,鼓励金融机构满足绿色低碳项目的融资需求,推动经济效益与生态效益双提升。同时,国家大力促进绿色金融产品和服务创新,扩展绿色信贷、绿色债券、绿色资产证券等多元化金融工具,以适应市场需求。通过强化政策协同、建立部门协调机制、完善基础制度和激励约束机制的共同作用,保障绿色金融高质量发展。此外,国家积极推动国际合作与交流,促进绿色金融标准国际化,推动全球绿色金融健康发展。

2. 天津市的绿色金融政策导向

政策支持与推动。天津市积极响应国家绿色金融号召,发布《关于全面推进美丽天津建设的实施意见》,明确至2027年绿色低碳转型目标及2035年绿色普及愿景。制定31项具体措施,涵盖绿色金融服务、项目库构建、绿色信贷、保险及租赁等领域,促进绿色产业发展。

体系构建与发展。天津市积极制定和完善绿色金融标准,如绿色融资租赁项目评价指南等。此外,通过加强信息披露,缓解绿色金融供需双方信息不对称问题,降低"洗绿"、"漂绿"、资金套利及项目造假等风险。

推动市场与产品发展。截至2022年,天津市绿色贷款余额和绿色债券发行规模快速增长。天津五大道金融论坛提出强化激励约束,推动绿色融资租赁发展,中国人民银行等部门支持在天津东疆建设绿色租赁高质量发展区,开展绿色租赁标准试点。

区域协同与合作。天津市积极参与京津冀绿色金融一体化建设,加强三地合作,提升国际绿色金融影响力,通过参与国际论坛、制定接轨国际标准等方式,深化国际合作与交流。

(三)天津市绿色金融发展成效

近年来,我国绿色金融领域取得了显著进展,国家与天津市均在其中发挥了重要作用,共同推动了一系列绿色金融产品的发展与创新,为高质量转型和可持续发展提供了有力支持。

在国家层面,绿色金融产品体系日益完善,主要包括绿色债券、绿色信贷、绿色租赁、绿色保险和绿色基金等。其中,绿色金融的核心产品为绿色信贷,其规模从2013年的4.9万亿元大幅增长至2023年的30.1万亿元,资金主要投向绿色交通运输、清洁能源等领域,有效推动了绿色产业的发展。同时,绿色债券的发行量也呈现出快速增长态势,为环保项目提供了稳定的资金来源。此外,绿色保险、绿色基金和绿色租赁等金融产品相继涌现,共同构建了一个全面、多层次的绿色金融体系。

天津绿色金融取得了显著成果。绿色信贷余额保持高速增长,从2021年以来相继突破4000亿元、5000亿元大关，至2024年6月，余额已达6563.82亿元，增长势头强劲。绿色债券发行规模不断扩大，2022年累计发行187.74亿元，其中碳中和债占比高达65.92%，居全国前列。同时，天津市还积极推动绿色保险产品的发展，为各类风险提供了高达数十亿元的保障支持。在绿色基金和绿色租赁方面，天津市同样表现出色，绿色基金规模持续增长，吸引了大量社会资本进入绿色产业；绿色租赁业务规模不断扩大，为新能源、节能环保等领域提供了强有力的支持。

除了上述主要绿色金融产品外，绿色金融还涵盖了绿色信托、绿色票据、碳金融产品等。这些产品不仅促进了绿色产业的蓬勃发展，也为实现全球碳中和目标提供了有力的金融支持。在促进高质量转型发展中，国家和天津市均采取了多项措施。国家层面，通过构建完善的绿色金融标准框架、加强信息披露监管、建立全面的激励与约束体系和深化绿色金融领域的国际合作，有力促进了绿色金融的蓬勃发展。天津市紧跟国家步伐，致力于强化绿色金融体系建设，参与绿色金融标准的制定工作，推动绿色金融产品与服务创新，并有效利用碳减排支持工具等货币政策手段，持续推动完善绿色金融评价体系。

二　绿色金融高质量发展面临的挑战

（一）我国绿色金融高质量发展面临的挑战

尽管我国在绿色金融领域取得了一定进展，但仍面临诸多挑战。商业银行和企业对其长远价值的认识有限，导致对绿色金融的政策认知不足，难以将绿色理念融入日常经营决策。法律监管体系的不健全也是一大障碍，缺乏统一的标准和有效的第三方监督机制，使得绿色金融投资缺乏规范，风险管理也受到制约。此外，绿色金融产品创新滞后，市场需求难以得到充分满足，且复合型人才的匮乏进一步制约了发展。绿色金融项目的市场和信用风险较高，现有的风险评估和防控机制不完善，增加了项目的不确定性。此外，国际合作机制仍不成熟，标准缺乏统一，信息不对称，使得跨国合作效率低下。同时，绿色金融项目的投资周期长、回报低,进一步增加了融资难度。

(二)天津市绿色金融高质量发展面临的挑战

1. 绿色金融供给结构亟待多元化发展

目前天津的绿色金融供给体系过度依赖银行信贷,尤其是绿色信贷产品,这种单一化的融资模式限制了绿色金融市场发展的广度和深度。绿色信贷虽然为部分环保和可持续发展项目提供了资金支持,但面对清洁能源、绿色建筑、生态农业等复杂且多元化的绿色项目需求,现有的绿色金融产品和服务显得不够充足。为了推动绿色金融市场稳健前行,必须引入更多种类的金融工具和融资途径,以灵活满足各类绿色项目在不同发展阶段和不同风险承受度下的融资需要。同时,为了吸引更多社会资本进入绿色产业,鼓励金融机构创新服务模式,这些模式将涵盖长期股权融资和风险对冲工具等,从而提供全方位且个性化的绿色金融服务。

2. 中小金融机构参与绿色金融的积极性有待提升

大型金融机构因规模、资源和专业优势,在绿色金融市场中占据主导地位,但中小金融机构同样具有不可忽视的作用。然而,由于资本约束、风险管理能力有限和对绿色金融政策理解不足等因素,中小金融机构参与绿色金融的积极性普遍不高。为了激发中小金融机构的活力,需要政策层面给予更多支持,如提供专项补贴、税收优惠、风险补偿机制等,降低其参与绿色金融的成本和风险。同时,加强绿色金融教育和培训,提升中小金融机构对绿色金融政策、产品及市场的认知,增强其服务绿色项目的能力和意愿。此外,鼓励大型金融机构与中小金融机构建立合作机制,共享资源,共同推动绿色金融市场的繁荣。

3. 绿色金融有效供给需进一步优化与精准投放

绿色金融的有效供给不仅体现在量的增长上,更在于质的提升。当前,天津市绿色金融规模虽持续增长,但存在质量不高、结构不合理、效率低下等问题。为了精准地将绿色金融资金投放到亟须绿色转型的领域和项目,必须构建完善的绿色金融项目筛选与评估体系,强化对绿色项目的甄别、监测与评价工作，以保障资金流向符合绿色、低碳、循环发展标准的项目。同时，优化绿色金融资源配置，避免“运动式”或“一刀切”的发展模式，根据项目的实际情况和市场需求，灵活调整绿色金融产品和服务，提高资金使用的效率和效益。

4. 信息披露规范化与准确性需进一步加强

信息披露是绿色金融市场健康运行的基础。然而，当前企业在环境相关信息披露方面存在不规范、不统一的问题，碳排放数据来源受限，计算方式不一致，导致金融机构在风险评估和决策时面临数据不充分、不准确的问题。为了提升信息披露的质量和透明度，需要建立健全环境信息披露标准和规范，明确企业披露环境信息的责任和义务，加强对企业环境信息披露的监管和审核。同时，促进构建碳排放数据共享系统，实现碳排放数据计算方法和标准的统一化，以便为金融机构提供精确且可信的数据依据，减少信息不对称产生的风险。

5. 绿色金融与转型金融融合机制需深入探索与完善

绿色金融与转型金融的融合是实现经济绿色转型的重要途径。传统绿色金融主要支持标准的绿色、低碳经济活动，而转型金融致力于引导特定“非绿行业”合理转型，实现“转绿”“降碳”或退出市场。为了加速绿色金融与转型金融的深度融合，必须深入探究转型金融的特性及运行规律，清晰界定转型金融的支持对象与范畴，并确立既科学又合理的转型金融产品与服务标准。同时，建立绿色金融与可持续转型金融的协同机制，加强政策沟通、信息共享和合作联动，推动绿色金融资源向转型项目倾斜，为经济绿色转型提供有力支撑。

三　天津推进绿色金融高质量发展路径

（一）绿色金融助力天津高质量发展潜力

天津作为中国的四大直辖市之一，拥有独特的区位优势，是京津冀协同发展的重要枢纽城市，也是环渤海经济圈的核心城市，承担着国家赋予的多重战略定位。未来,天津将致力于建设国家先进制造研发基地,依托自身雄厚的工业基础,加速产业创新升级。作为金融改革示范区,天津凭借政策创新、市场优势、产业基础、国际化资源和数字化转型等优势,将继续推动产业结构调整、绿色转型和城市现代化升级,成为绿色金融助力高质量发展的重要引擎。

一是作为改革试验区,天津拥有政策创新的先行优势。政府可以通过设立绿色金融政策试点,推动绿色债券、绿色信贷等绿色金融工具的创新,并为绿色项目提供税收减免、融资支持等优惠政策,进一步激发金融机构和企业参与的积极性。这些政策创新不仅能够推动绿色金融产品与服务的创新,广泛支持本地清洁能源、节能环保等领域绿色项目的融资需求,还能为全国绿色金融政策的优化提供宝贵经验。

二是天津的金融市场逐步完善,金融基础设施日益健全。作为北方重要的金融中心,天津在资本市场的建设上具有得天独厚的条件,能够为绿色金融产品的推广和交易提供良好的市场环境。随着金融服务能力的提升,天津能够为绿色产业提供更多融资渠道,助力绿色项目落地实施,推动绿色经济的快速发展。

三是天津的产业基础为绿色金融提供了丰富的应用场景,尤其在钢铁、化工等传统高污染、高能耗产业,绿色金融的需求尤为迫切。天津通过绿色金融支持传统产业的绿色转型,能够有效提高资源使用效率,降低环境污染,推动产业结构优化升级,提升整体竞争力。此外,天津积极推进生态环保和绿色基础设施建设,绿色金融在环境保护、清洁能源、节能减排等领域的融资需求持续增长,这为绿色金融的广泛应用提供了广阔市场。同时,天津绿色金融的高质量发展为产业结构优化、传统产业绿色转型、生态环境改善、居民生活质量提升和经济可持续发展提供了强劲动力。

四是天津具备较强的国际化优势,通过加强国际绿色金融合作与交流,能够吸引外资和先进技术,推动绿色金融的国际化发展。作为环渤海经济圈的重要城市,天津可以借助其国际化资源,提升绿色金融服务的能力,推动全球资本流入绿色项目,促进跨境绿色投资合作。

五是天津在数字化转型方面的推进为绿色金融发展提供了新机遇。通过大数据、人工智能、区块链等技术，天津进一步提升绿色金融产品的透明度、管理效率和风险控制能力，使绿色项目的评估更加科学、融资过程更加高效，金融机构竞争力不断增强，进一步推动绿色金融的创新和发展。

（二）天津推进绿色金融高质量发展路径与建议

为了更好地推进绿色金融高质量发展，提出以下政策建议。

1. 强化政策体系

完善绿色金融政策框架，创造良好政策环境，支持绿色金融发展。包括出台针对绿色金融的优惠政策和支持措施，如税收减免和财政补贴，激励金融机构和企业参与绿色项目。同时，制定严格的绿色金融产品评估标准和认证机制，确保绿色金融产品的真实性、有效性，增强投资者的信心和市场对绿色金融的认可度。政策的有效性不局限于财政支持，还应关注跨部门的协调机制，应强化金融、环保、经济等相关部门之间的协同合作，确保绿色金融政策与环境保护政策、经济政策相互支持、协调发展，从而形成更加完善和系统的绿色金融政策体系。

2. 创新发展模式

深入探索绿色金融的多样化发展模式，特别是根据不同领域和项目的需求，开发出更多适应市场的金融产品。除了现有的绿色债券、绿色贷款和绿色保险外，天津还可以进一步推动绿色金融产品的创新。例如，可以为不同类型的企业量身定制绿色融资方案，推出绿色供应链融资、绿色房地产融资等金融工具。与此同时，鼓励设立专门的绿色投资基金，支持清洁能源、节能环保、绿色建筑等领域的项目，吸引更多社会资本的投入。此外，碳交易市场和碳金融产品的研究和建立，将有助于推动天津在全球绿色金融体系中的竞争力。通过激励企业参与碳减排与碳交易，不仅能够为企业带来经济效益，也能实现生态效益和环境效益，推动经济与环境的协调发展。

3. 推动数字转型

抓住数字化转型机遇，推动金融科技在绿色金融领域的应用，利用区块链、大数据、人工智能等技术提升绿色金融产品的透明度、管理效率和风险控制能力。区块链可确保资金流向和项目执行符合绿色标准,增加市场透明度。大数据可帮助精准评估绿色项目,优化风险管理并提高融资效率。人工智能可通过智能算法精确评估和预警风险,降低投资风险。同时,数字化手段还能促进绿色金融产品和服务创新,如智能合约自动执行融资条款,提高交易效率。总体而言,金融科技的应用将为天津绿色金融注入新动能,推动绿色金融高质量发展并提升市场竞争力。

4. 完善市场制度

市场机制的完善是绿色金融发展的关键。通过建设绿色金融信息服务平台,促进投资者、企业与金融机构之间的有效对接。绿色项目融资效率将随着信息平台的提升而大大提高,从而降低融资成本,增强市场活力。同时,要推动信息披露机制建设,确保绿色项目相关信息透明化,使投资者清楚了解绿色金融产品的实际效益,进而降低市场风险。此外,加强绿色金融人才的引进和培训至关重要。绿色金融领域需要一批具备环境科学、金融学等跨学科背景的专业人才。通过培养本地人才、吸引外部专家、建立绿色金融教育培训体系,提升金融机构在绿色项目评估、风险管理和投资决策方面的专业能力,为绿色金融市场的健康发展提供强有力的支持。

5. 强化协作机制

绿色金融的发展需要政府、金融机构、企业、科研机构等各方的共同努力。应建立跨部门协调机制,推动绿色金融政策和项目落地。通过定期召开绿色金融推进会议,促进各方经验、资源、信息的共享与交流,形成合力推进绿色金融的局面。政府不仅要制定并落实绿色金融政策,还应积极引导资金流向绿色项目,特别是基础设施建设、环保和节能减排领域。同时,金融机构、企业和科研机构也要加强合作,通过整合资源、提升绿色项目的技术支持和资金支持,为绿色金融的可持续发展提供保障。特别是在重大绿色项目的融资方面,公共部门应发挥重要作用,提供必要的政策和资金支持,减轻市场风险。

6. 丰富交流合作

积极开展国际国内绿色金融交流与合作,吸引外部资源和经验,共同推动绿色金融高质量发展。不仅要与国际组织、外资金融机构、绿色投资基金等建立合作关系，还应参与国际绿色金融标准的制定和推广，吸取国际成功的绿色金融经验，推动国内绿色金融市场与国际标准接轨。此外，应利用天津的地理和经济优势，使天津成为国际绿色金融合作的重要平台，促进全球资本流向绿色项目，提升天津在国际绿色金融领域的影响力。通过定期举办绿色金融论坛、研讨会等活动，天津不仅能够加强本地企业和金融机构的互动与合作，还能提高全社会对绿色金融的认知，推动绿色金融理念的普及和实践。

通过以上政策措施，天津在推动绿色金融高质量发展的同时，进一步提升绿色金融市场的竞争力和可持续发展能力，为实现天津绿色经济转型和可持续发展提供强有力的金融支持。

天津生态产业化发展研究报告

解 威 天津市经济发展研究院经济师

摘 要： 近年来，天津在生态产业化方面进行了积极探索，取得了一定发展成果。生态农业初成规模，产业体系加快构建，品牌体系初步形成，林下经济加快发展，海洋生态产品加快开发。生态农产品加工业快速发展，优势农产品加工纵深推进，绿色食品加工业蓬勃发展，特色农产品加工能力提升。生态旅游业蓬勃发展，湿地公园体系加快构建，亲海亲水旅游持续升温，农文旅融合发展渐入佳境。生态康养业加速布局，森林康养基地建设持续推进，团泊湖生态康养产业加快发展，生态城致力打造全国康养目的地。同时，存在增值溢价不够、供需对接不准、链条偏低端化、用地受限等突出问题。下一步，要加快培育区域公用品牌、健全产品交易体系、补齐产业链条短板、完善产业支持政策，以生态产业化推进高质量发展。

关键词： 生态产业化 区域公用品牌 产业链

生态产品价值实现的过程，就是将生态产品所蕴含的内在价值转化为经济效益、社会效益和生态效益的过程。① 生态产业化作为生态产品价值实现的主要模式，是综合利用国土空间规划、建设用地供应、产业用地政策、绿色标识等政策工具，将生态产品的价值附着于农产品、工业品、服务产品的价值中，并转化为可以直接市场交易的商品，是市场化的价值实现路径。②

① 李志萌、何伟雄、马回，等：《长江经济带生态产品价值实现机制探讨》，《企业经济》2022 年第 1 期。

② 自然资源部：《生态产品价值实现典型案例》（第一批），2020 年 4 月。

一　天津市生态产业化的现状

（一）生态农业初成规模

1. 产业体系加快构建

生态农业载体支撑不断夯实，创建了 4 个国家级优势特色产业集群、5 个国家级现代农业产业园、10 个国家级农业产业强镇，总数位居京津沪首位。优势特色农产品全产业链建设加快推进，小站稻、蔬菜、畜牧、水产四个全产业链建设水平持续提升，小站稻全产业链成为全国农业全产业链重点链，宝坻区获评全国农业全产业链典型县。2023 年，小站稻种植面积达到 100 万亩，稻渔综合立体种养投产面积 54.6 万亩，蔬菜播种面积 81.2 万亩，水产养殖面积约 90 万亩，奶牛、生猪产业集群建设加快推进。

2. 品牌体系初步形成

质量兴农和品牌强农战略大力实施。2023 年，天津绿色食品、有机农产品和地理标志农产品（“两品一标”）认证数量达到 186 个；市级区域公用品牌“津农精品”数量达到 225 个，位列“2023 中国区域农业形象品牌影响力指数”排行榜第 7 名；区级区域公用品牌“蓟州农品”“西青沙窝”“津沽七里海”“武清果蔬”“宝坻黄板泥鳅”等达到 15 个；小站稻成功入选农业农村部农业品牌精品培育计划。优质农产品市场化率持续提高，2023 年，“津农精品”销售额达到 103.92 亿元，总体溢价率超过 10%。

3. 林下经济加快发展

积极发展林下种养。2023 年，天津林下经济总面积达到 51.92 万亩，产值实现 4.83 亿元，林业合作社数量超过 180 个，国家级林下经济示范基地达到 4 个，带动农户 5.2 万余户。林下经济基本形成了林下种植、林下养殖、森林景观利用等经营发展模式，其中，林下种植面积达到 24.91 万亩，占比 48%，以林粮、林菜、林药、林花为主，主要在静海区和滨海新区开展林下精细套种；林下养殖面积达到 2.78 万亩，占比 5.4%，以林禽、林蜂和林蚓为主；利用森林生态景观等发展三产融合用地面积达到24.23万亩，占比46.6%。

4. 海洋生态产品加快开发

持续提升海洋生态物质产品供给能力，积极开展盐田生态养虾，打造“可控、生态、高效”的养殖、制盐一体化生态循环养虾模式。不断完善大神堂海域国家级海洋牧场示范区建设管理，积极开展增殖放流、贝类底播增殖，养护修复渤海湾渔业资源，探索构建集渔业资源增值和生态保护于一体的海洋牧场发展模式。

（二）生态农产品加工业快速发展

1. 优势农产品加工纵深推进

津南区作为小站稻的发源地，坚持小站稻种植、储存、加工、销售等各环节一体推进。天津市优质小站稻开发公司引入国际先进的稻米深加工设备，打造小站稻智能加工中心项目，年加工规模5万吨。小站镇投资1200余万元建设小站稻加工中心，有力支撑“农业产业强镇”发展。研发出包括“有稻儿米糕”在内的8类小站稻食品，推动小站稻全品类食品旗舰店做大做强。武清区积极建设天津市农业科学院小站稻高端米加工示范基地，小站稻经加工后变成高端的GABA米（富含γ-氨基丁酸的大米），填补了小站稻功能性产品的空白，主要供应京津高端市场。

2. 绿色食品加工业蓬勃发展

蓟州区作为全国首家绿色食品示范区，每年为京津市场提供绿色、有机农产品20万吨，不断提升绿色食品基地建设管理水平，加快推进国通产业城、丰树国际食品制造产业园等重点项目建设，深入开展深加工，延伸生态农产品产业链条，积极打造京津冀特色农产品交易中心和绿色食品中央厨房。武清区冠芳集团深耕山楂果饮领域，打造“山楂树下”品牌，甄选山区环境中自然生长、不喷施农药的山楂原果进行深加工，年产能超过65万吨，销售额超过20亿，成为行业标杆。

3. 特色农产品加工能力提升

宁河区作为“涉农涉生态区”，持续增强区域特色农产品精深加工能力，不断提升椒薯加工产业基地、造甲净菜加工产业基地、七里海特色水产品精深加工基地等建设水平。此外，启动建设了京津冀预制食品产业园，引进国内外先进生产设备和技术，依托丰富的鱼蟹资源，积极开展精深加工食品开发，研发了具有宁河特色的“河蟹面”“泡椒紫蟹”“泡椒鱼头”等预制菜品，产业园区累计引育链上企业达到 18 家，2023 年实现产值 26 亿元。

（三）生态旅游业蓬勃发展

1. 湿地公园体系加快构建

持续推动武清永定河故道、宝坻潮白河、蓟州州河和下营环秀湖、天津滨海国家海洋公园等 5 个湿地公园建设，积极开展湿地生态游。宁河区在加强七里海湿地核心区保护的同时，在保护区外围策划“小七里海”项目，规划面积 4.97 平方公里，打造芦苇洲公园、稻香花村等生态特色场景，建设绿水青山样板区、生态产品价值转化示范区、共同富裕实践区。

2. 亲海亲水旅游持续升温

依托国家海洋博物馆、航母主题公园、东疆湾沙滩公园等旅游资源，加快构建“一湾三廊”亲海亲水旅游空间格局。深化东疆日出、七彩盐田等题材挖掘，亲海亲水场景不断丰富、旅游线路不断增加。做足亲海消费文章，打造“向海乐活节”品牌，借助“海”“港”资源，培养国际亲海消费热点。邮轮经济新动能持续激发，2024 年上半年，天津国际邮轮母港共接待国际邮轮 49 艘次、出入境旅客 16.8 万人次，稳居北方第一。

3. 农文旅融合发展渐入佳境

12 个乡村旅游示范片区建设扎实推进，建成 34 个中国美丽休闲乡村、4 个全国休闲农业重点县、6 个乡村旅游重点镇、28 个乡村旅游重点村。持续加大涉农区特色旅游产品供给，大力发展民宿经济、露营经济、冰雪经济、夜间经济、“后备箱经济”等乡村旅游业态，形成了 30 多条“春赏花”“夏纳凉”“秋采摘”“冬拾趣”精品线路。2023 年，接待游客 3077 万人次，实现综合收入 73.8 亿元，年均增长幅度达到 10% 以上。

（四）生态康养业加速布局

1. 森林康养基地建设持续推进

九龙山国家森林公园作为国家森林康养基地，紧盯京津冀高端康养市场，不断延伸森林康养产业链，加快引进医养结合型的康养机构和综合性康养项目，推动森林康养设施与北部山区卫生、文化、体育、教育等设施功能衔接，构建养老、养生、商务、酒店会务等产业集群。梨木台森林康养基地建设水平持续提升，推出动植物科普与中草药健康科研为依托的森林康养体验游新线路。翠屏湖康养基地开展运营，以中草药种植、加工、采摘、康养服务、农产品品牌化等方式实现产业植入。

2. 团泊湖生态康养产业加快发展

静海区利用团泊湖良好生态资源，推动周边区域健康休闲观光产业发展，推进康养、旅游、生态、文化、体育、医疗等资源深度融合。《团泊健康城旅游专项规划（2024—2035 年）》强调，规划“一湖、一带、四区”空间格局和环湖的七大功能组团，进行生态旅游、运动休闲、健康养生等多产业链组团开发，打造环团泊湖文旅休闲度假康养高地。

3. 生态城致力打造全国康养目的地

中新天津生态城作为国家全域旅游示范区、2020 年“中国十强康养旅游目的地”，依托良好的生态资源，串联生态休闲区、文旅产业区、康养度假区、海洋娱乐区等七大片区，全力打造生态城旅游度假区。《中新天津生态城建设国家绿色发展示范区实施方案（2024—2035 年）》提出，加强康养产业与生态产业、旅游产业深度融合，打造全国康养目的地。

二　天津市生态产业化存在的问题

（一）生态产品增值溢价不够

1. 区域公用品牌影响力不足

“津农精品”具有全国影响力的“大而强”的品牌数量不多，仅小站稻、沙窝萝卜、七里海河蟹、茶淀玫瑰香葡萄等少数几个品牌知名度较高，许多优质特色品牌只在天津有一定口碑，尚未成为畅销京津冀都市圈甚至是全国的知名品牌。精深加工区域公用品牌少，有知名度的生态工业品牌不多。生态旅游康养业以京津冀目标群体为主，服务半径有待进一步扩大。总体来看，虽然天津近年来已经积累了一些知名品牌，但区域公用品牌在京津冀甚至全国的市场占有率、消费者认知度等方面与先进地区相比还存在差距，整体品牌影响力仍有待提高。

2. 区域公用品牌管理不善

区域公用品牌管理机制尚不健全，缺乏系统的区域公用品牌建设规划，培育、认定、保护、监管等机制尚未理顺，缺少配套的生态产品品牌建设服务平台。生态农业品牌方面，品牌塑造力有待提升，以小站稻为例，存在“百年津沽”“稳稳哒”等众多子品牌，在标准制定、包装、运营等方面与行业标杆“五常大米”品牌还存在较大差距；品牌认证进度与一些省市相比还存在一定差距，天津 2023 年“两品一标”认证数量为 186 个，湖北黄冈市为 268 个、云南玉溪市为 474 个。生态旅游品牌方面，丽水市“丽水山居”“丽水山景”和杭州市“天目乡宿”“天目村落”等区域公用品牌加快创建，天津生态旅游品牌塑造力方面尚待提升。

3. 生态产品溢价率不高

生态产品的价格普遍高于传统产品，两者的价格差即为生态溢价。生态农业方面，天津高效益的生态农产品不多，且优质不优价的问题较为突出，如“津农精品”品牌整体溢价率在 10% 左右，与浙江“丽水山耕”（30%）、福建

“武夷山水”、江西“赣抚农品”（15%）等相比，仍有一定差距。生态旅游方面，各地积极探索生态溢价新路径，天津亟待借鉴先进地区经验，找准生态与富民的契合点，推动生态旅游产品溢价率提升。

（二）生态产品供需对接不准

1. 新业态发展潜力亟待挖掘

民宿经济、研学体验、健康养生等新业态产品开发不足，能够为消费者打造特色化消费场景、获得高端化和精品化消费体验的场所不多，高端消费市场占有率不高，在满足京津冀城市群消费者多元化、个性化、高端化需求上还有差距，亟待深入挖掘新业态发展潜力。

2. 生态产品价格形成机制不健全

各地积极探索生态产品价格形成机制，湖南省岳阳市平江县实行高端民宿价格与负氧离子等生态环境检测指数挂钩联动机制，环境监测范围内的民宿每日房价上下浮动比例按照1%—10%自由裁量，将优质的生态资源成功地应用在高端民宿“生态变现”拓展性经营上。相较而言，天津尚未形成体现市场供需关系的生态产品价格形成机制，让好生态变成好产品、好产品卖出好价钱，亟待建立健全生态产品价格形成机制。

3. 生态产品交易体系不完善

生态产品市场经营开发主体基本各自开拓市场，相互之间横向联系较少，质量和价格不统一，并存在恶性竞争的情况，没有形成集体开拓市场的合力，难以面向全国市场的竞争，亟待制定交易规则和制度，规范交易行为。福建省搭建了“武夷山水”交易平台，统筹推进生态产品推介、宣传、交易等，天津市级层面的生态产品交易体系尚不健全，包括搭建电商平台、进行数字营销推广、建设数字化追溯系统等均未实现。

（三）生态产业链条偏低端化

1. 生态产品层次较低

在一、二产业融合方面，仍以初级加工农产品为主，精深加工产品少，精品、绿色、高档农产品占比较低。在一、三产业融合方面，以传统的景区游、农家游为主，生态旅游产品层次低，公司化运营程度弱，聚集示范效应不明显，缺乏大体量生态旅游综合体。总体来看，农村服务业增加值增长较为缓慢，尚未形成核心竞争力和效益增长点。

2. 生态产业化经营主体实力偏弱

种养加工全链条生产龙头企业带动能力不强，截至 2024 年 6 月，国家级龙头企业仅有 22 家，分别是北京和上海的 29.7% 和 16.9%，数量偏少、实力较弱，联农带农能力不强。专业合作社存在一定比例的"空壳社"，运行有待规范。小农户经营占相当比重，多数种植养殖户生产水平不高，尚未真正对接现代农业生产经营体系。

3. 生态产业链关联主体深度合作不够

生态产品生产者与加工商、运销商、服务商等产业链关联主体缺乏深度合作[①]，存在农村经纪人队伍较弱、冷链物流不完善、新型销售平台未全覆盖等问题，导致生态产品生产和交易等成本较高、风险较大，生态产业链条长度、协同度、完整性等还需进一步提升。

（四）生态产业发展用地受限

1. 政策管控较严格

制止耕地非农化和非粮化、严格管控围填海、实施"三线一单"管控等一系列政策对生态产业发展用地供给形成较大制约。与其他沿海省市相比，天津海域面积较小，且航道、港口、石油勘查平台、输油管线等占 70%，留给农渔业

---

① 刘东辉：《乡村振兴战略下乡村产业发展路径研究——以天津市为例》，《山西农经》2022 年第 12 期。

的区域在30%左右（其中70%—80%在生态用地保护红线区内），开展海洋牧场休闲旅游等一些项目较为困难。天津大部分盐田在生态用地保护红线内，以汉沽为例，汉沽区域盐田面积96平方公里，其中75平方公里在生态用地保护红线内，占比高达78%，对推动土地开发、发展盐田文化旅游、开展盐田生态养虾等项目造成较大制约。

2. 系统谋划不到位

在农村一、二、三产业融合发展用地方面，区、镇级规划普遍未预留5%的一、二、三产业融合用地指标，缺乏系统谋划、整合利用、统筹平衡，导致资源紧缺与低效闲置并存，现有土地、厂房、设施设备等资源要素盘活不足。例如，在城镇开发边界外、村庄规划未覆盖到的区域建设的一、二、三产融合项目，用地审批缺少规划依据，既不属于单独选址类项目，也不符合《自然资源部关于印发土地征收成片开发标准（试行）的通知》关于土地征收的要求，因而无法办理农转用和土地征收审批手续，导致项目落地存在较大困难。①

3. 土地协调较困难

生态农业用地矛盾最为突出，农业园区、畜禽养殖、农产品冷库、田头设施等有较大的用地需求，但土地协调困难。例如，当前的一些机耕路、农村道路无法满足大型播种、施肥、收割等机械设备以及蔬菜、瓜果保鲜等大型运输车辆的通行需求，拓宽道路就不可避免占用永久基本农田，但是农村道路并不属于《自然资源部农业农村部关于加强和改进永久基本农田保护工作的通知》规定的可以占用永久基本农田的类型，因此，永久基本农田占补平衡政策亟待完善。

---

① 李函洋、马晴、刘芸，等：《基于多源数据的基本农田划定成效及用途管制策略探索——以峨眉山市为例》，《资源与人居环境》2024年第2期。

三　天津市推动生态产业化的路径

（一）培育区域公用品牌

1. 加强统筹规划

强化顶层设计，编制天津区域公用品牌建设培育与建设指南或行动方案，以打造全域品牌形象为引领，根据各区特色，因地制宜发展多种全品类、单品类品牌。借鉴福建"武夷山水"品牌建设模式，塑造天津全域区域公用品牌形象。擦亮"津农精品"金字招牌，深入实施"津菜进京"工程。推动绿色优质农产品基地建设，深入实施地理标志农产品保护工程，建设一批特色品种繁育基地和核心生产基地，扩大"两品一标"生产规模，提升"津农精品"认证数量。

2. 制定品牌标准

加快制定生态产品区域公用品牌标准，以行业协会、科研机构、龙头企业为支撑，建立生态产品品牌标准体系，规范品牌标识、标语、产地、生产流程等，强化生态产品品牌质量保障。建立区域公用品牌质量标准体系，建立准入退出机制，实行准入产品强制检验，授权产品定期与不定期抽检，实施优胜劣汰、能进能出的动态管理。构建区域公用品牌全程产业链标准体系，完善生态产品生产、加工、储存、运输、销售等全产业链条管理。构建区域公用品牌产品质量安全追溯体系，推动数字赋能，通过数字化管理系统，对区域公用品牌进行全程闭环监管，实现追溯管理。

3. 做好品牌推广

加大品牌推介力度，着力提升区域公用品牌知名度、美誉度、认可度。深入挖掘生态产品区域公用品牌特色和文化内涵，讲好品牌故事，做好品牌文化推广与交流。有效联动多方参与主体，利用中国国际农产品交易会、中国农民丰收节、京津冀户外运动与休闲旅游产业大会等展会以及天猫、京东、携程等平台开展生态产品品牌推介。综合利用线上多种渠道，开展互联网宣传。积极引入专业的区域公用品牌建设机构，借助其专业创意、资源、渠道优势，提升品牌推介水平。

(二)健全产品交易体系

1. 完善价格形成机制

加快制定生态产品交易规则,明晰交易流程,规范交易行为。建设生态产品一体化流通体系,建立生态产品交易指数,加快构建体现市场供需关系的生态产品价格形成机制。培育引进一批生态产品价值第三方评估机构,科学开展生态产品价值评估。探索构建京津冀跨区域交易规则,联通交易平台,畅通交易活动,加快生态产品要素市场化流通。

2. 打造交易平台

统筹规划线上线下交易平台,持续优化平台建设,推动生态产品交易平台规范高效运作,打通生态产品交易难点痛点。在生态农产品富集地规划建设特色生态产品交易中心,组织开展生态产品线上云展示、云交易,促进生态产品供给方和消费者的良性对接。充分利用“云尚蓟州”等一批文旅消费平台,导入生态旅游资源。

3. 拓展销售渠道

积极探索多样化多层次的销售渠道,大力推广“新型农业经营主体 + 互联网公司 + 大型商超”生态产品供销模式,打造一批面向北京市场的生态农产品直供基地。创建专卖店、连锁店、电商网络等多元化渠道,建立完善的销售网络,增强区域公用品牌辐射力及拓展辐射范畴。

(三)补齐产业链条短板

1. 推动生态产业高端发展

鼓励引导生态产业化龙头企业发展科技含量高、加工程度深、产业链条长、增值水平高的产品和产业,提升生态产品价值效益。培优生态旅游产品,引进专业的市场经营开发主体,围绕红色教育、休闲度假、亲子研学、健康养生等,打造一批高端化、精品化消费场景。推动乡村旅游提质升级,引导旅游民宿参与等级评定,打造一批高溢价率精品民宿。

2. 推动生态产业集聚发展

着力提升规模化生产经营水平，打破一家一户生产经营状态，建立高质高效的规模化生产体系，形成产业集聚效应。推进生态产业集聚区建设，推动传统农业向生态循环的生态农业方向发展，促进生态农产品加工业向集群化方向发展，统筹生态旅游康养资源“串珠成线”，加快国家现代农业产业园、生态农产品精深加工基地建设，推动生态旅游康养业提质升级，增强具有区域特色的生态产业核心竞争力，形成区域优势互补、协调互动的生态产业集聚发展格局。

3. 推动生态产业融合发展

构建多形式利益联结机制，创新融合方式，培育融合主体，促进生态产业融合发展。瞄准关键环节，全面发展关联产业，打造优势产业链条，实现“一业兴”带“百业旺”，推动生态资源与农产品生产加工、旅游、康养、运动、休闲等产业融合发展。发挥天津中医药产业优势，鼓励中医药与养老、文化、旅游、康养等融合发展。

（四）完善产业支持政策

1. 加强财政政策支持

统筹利用财税相关政策，吸引各类社会资本参与重大生态产业化工程建设。建立生态产业化重大项目库，主动谋划实施一批战略性、引领性的生态产业化重大项目。借鉴其他省市经验，探索建立与生态产品质量和价值相挂钩的财政奖补机制，以及基于生态产品总值（GEP）核算的生态产品政府采购机制，加大政府绿色采购力度，促进生态产品推广应用。

2. 强化绿色金融支撑

鼓励设立服务生态产业化相关生产经营主体的绿色金融专业机构，调动金融机构放贷积极性，并通过融资担保、风险补偿等一系列金融政策，降低信贷风险和投融资成本，推动金融机构加大信贷资金支持。鼓励金融机构结合生态产业化的特点，开发更具创新性、灵活性和定制化的信贷产品，探索推出“畜禽智能洁养贷”“信用+多种经营权贷”“GEP生态价值贷”等金融产品。

扩大绿色债券规模,推动绿色保险产品多样化,加速绿色基金发展,积极探索绿色期货、绿色期权等绿色金融衍生品的开发,盘活生态产业化的金融市场。

3. 完善用地政策保障

优化国土空间规划,在确保生态功能不降低、面积不减少、性质不改变的前提下,探索合理利用生态红线内生态功能较低的区域,保障生态产业发展用地需求。完善永久基本农田占补平衡政策。完善生态产业化用地计划指标保障,在编制区、镇两级规划时,提前预留5%的一、二、三产业融合用地指标。坚持节约集约用地,通过村庄整治、宅基地整理以及农业生产和村庄建设等复合用地方式,拓展土地使用功能,发展休闲农业、乡村旅游、农业科普、农业教育、农事体验等产业。深化农村产权交易改革,盘活存量闲置土地和房屋,保障农村一、二、三产业融合发展。

改革创新篇

天津生态文明法治建设成效、问题与对策

天津大学生态文明法治建设研究课题组①

摘　要： 党的十八大以来，天津市高度重视生态文明法治建设，在生态文明建设立法、执法、司法、守法等方面取得显著成绩，生态文明建设法规不断出台，生态文明建设执法愈发严格，生态文明建设司法持续创新，生态文明法治理念深入人心。然而，天津生态文明法治建设在以下三个方面尚待改进：生态文明建设法规尚待体系化，生态文明建设执法机制不够健全，生态文明建设司法保障不够完善。天津应坚持以习近平生态文明思想和习近平法治思想引领生态文明法治建设，健全生态文明建设法规体系，提升生态文明建设执法质效，强化生态文明建设司法保障，助力美丽天津目标的实现。

关键词： 天津　生态文明法治　立法　执法　司法

习近平总书记强调："只有实行最严格的制度、最严密的法治，才能为生态文明建设提供可靠保障。"②在全面推进依法治国的进程中，要推进生态文明建

---

① 执笔人：王小钢、于晶云、徐建宇、刘志和。其中，王小钢，天津大学法学院教授、博士生导师，天津大学中国绿色发展研究院副院长；于晶云、徐建宇、刘志和，天津大学法学院博士研究生。

② 中共中央宣传部、中华人民共和国生态环境部编：《习近平生态文明思想学习纲要》，人民出版社，2022，第 84 页。

设,提升环境质量,必须依靠法治的力量。生态与法治的深度融合成为新时代我国生态文明建设的显著特征。[①] 虽然天津市的生态文明建设类型属于社会发达型,但是仍呈现出交通便利、经济发展迅速与生态系统遭受破坏、环境承载力下降并存的不均衡状态。[②] 党的十八大以来,天津市深入学习贯彻习近平生态文明思想和习近平法治思想,将生态文明建设和依法治市有机结合,融入城市发展,辐射经济、文化、教育等领域。

一　天津生态文明法治建设成效

天津生态文明法治建设高度契合国家生态文明建设的战略方针。特别是《中共中央　国务院关于加快推进生态文明建设的意见》发布后,天津市持续加强生态文明法治建设工作,连续多年聚焦生态环境立法、执法、司法等工作,成效显著。

(一)生态文明建设法规不断出台

基于本地实际情况,天津市制定并实施了一系列旨在保护生态环境的地方性法规、政府规章及政策措施。从规范性文件总量上看,自党的十八大到2023年底,天津市共计出台规范性文件3711份,其中生态环境相关规范性文件822份,占比22.15%,并且生态环境相关规范性文件的数量大致呈现出逐年递增的趋势(如图1所示)。

① 蒋森、丁国峰:《新时代我国生态文明建设法治化的困境与出路》,《学术探索》2024年第8期。

② 严耕、吴明红、樊阳程,等:《中国省域生态文明建设评价报告.ECI2016》,社会科学文献出版社,2017,第79-80页。

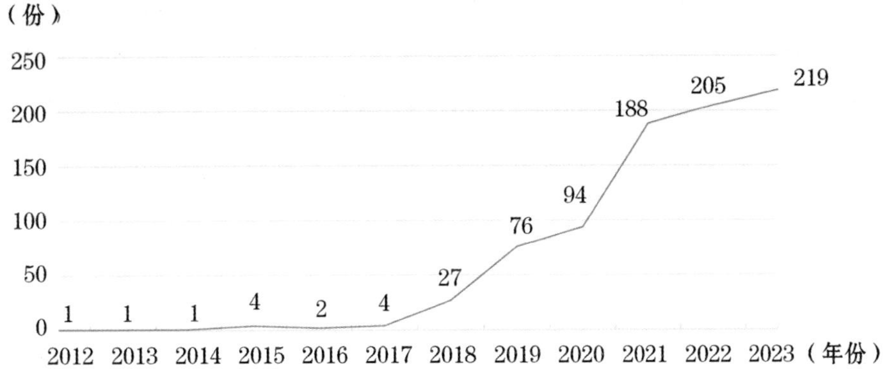

图1　天津市出台的生态环境规范性文件数量

天津市始终坚持系统观念,形成了以《天津市生态环境保护条例》这一综合性法规为核心,以《天津市生态文明教育促进条例》这一生态文明建设专门性法规为抓手,辅以大气、水、土壤、湿地等多部专项法规①的生态文明建设法规体系,为生态文明建设提供法治保障。2019 年通过的《天津市生态环境保护条例》是国内首部以生态环境保护条例为名的省级综合性生态文明建设地方性法规。2020 年修改的《天津市海洋环境保护条例》为天津海洋环境保护和近海水域环境监管提供了法律依据。2021 年通过的《天津市碳达峰碳中和促进条例》是国内首部以促进实现碳达峰、碳中和目标为主旨的省级地方性法规。2022 年通过的《天津市生态文明教育促进条例》是全国首部以促进生态文明教育为主旨的省级地方性法规。2023 年修订的《天津市湿地保护条例》严格控制占用重要湿地,实现湿地全面保护和可持续利用。2024 年通过的《天津市气候资源保护和开发利用条例》助力科学保护和合理开发利用气候资源。

此外,突出京津冀生态文明建设协同立法。天津市在制定和修改生态文明建设地方性法规时,强调京津冀区域生态文明建设协同。自 2020 年 5 月 1

① 《天津市大气污染防治条例》《天津市水污染防治条例》《天津市土壤污染防治条例》《天津市生活垃圾管理条例》《天津市机动车和非道路移动机械排放污染防治条例》《天津市人民代表大会关于农作物秸秆综合利用和露天禁烧的决定》《天津市节约用水条例》《天津市绿化条例》。

日起,京津冀三地同步施行《机动车和非道路移动机械排放污染防治条例》,这是京津冀污染防治协同立法首个实质性成果。此后,2021 年发布的《天津市碳达峰碳中和促进条例》和 2024 年发布的《天津市气候资源保护和开发利用条例》皆在第一章总则中明确规定加强与北京、河北的沟通协作,协同推进相关工作。

(二)生态文明建设执法愈发严格

天津采取了一系列有力的生态环境行政执法措施,以高压态势确保生态环境保护法律法规得到有效实施。2023 年生态环境主管部门共立案 1791 起,作出处罚决定 987 起,共处罚款 5329.4 万元。①

第一,开展重点领域执法工作。天津生态环境主管部门聚焦执法重点工作,紧盯关键领域攻坚,做到重点行业、重点区域全覆盖。大气污染防治方面,多次开展"蓝天保卫战"专项执法行动。水污染防治方面,严厉打击非法排污行为,排查溯源重点湖库入河排口。土壤污染防治方面,严格实施建设用地风险管控和修复名录制度。同时,市生态环境局联合公安、检察部门出台"两打"(打击危险废物和打击自动监控作假违法犯罪)专项行动方案。

第二,创新行政执法机制。全市生态环境主管部门依据执法履职要求,建立执法正面清单常态化管理机制,各区持续对正面清单实行动态调整机制。以陆海统筹为策,致力于生态修复,精心织就海洋生态环境"保护网"。天津以改善海洋生态环境质量为核心,实现从局部重点整治到全局系统治理的转变。② 贯彻落实生态环境行政执法"三项制度",依法进行公示。

第三,推进京津冀执法联动。天津市不断深化协同治理,拓展协同领域,推进京津冀生态环境联建联防联治走深走实。制定实施 2 批 44 条协同措施,成立天津市生态环境监测中心雄安新区工作站,逐步统一三地流域水污染物

① 天津市生态环境局:《市生态环境局 2023 年度行政执法工作情况的报告》,2024 年 1 月 31 日。
② 《天津生态笔触绘新景　河海如镜映天蓝》,《农民日报》2024 年 6 月 18 日,第 4 版。

排放标准。[①] 推动成立京津冀生态协同专题工作组，建立“1+8”运行机制，实现“生态+环境”全领域贯通、全地域衔接。三地依托京津冀协同执法平台，建立了京津冀超标车辆排放信息共享平台。[②]

第四，不断创新执法手段。天津有序推进信息化执法，加强监测机构监管，创新执法手段。采用四结合方式，即“在线监测与现场检查远近结合”“走航车与热点网格线面结合”“无人机与地面设备空地结合”“人工筛查与智能分析人机结合”[③]，以科技执法倒逼企业落实减排措施，加大新技术、新装备在执法工作中的应用。

（三）生态文明建设司法持续创新

依托经济支持和政策鼓励，天津市不断创新环境资源司法体制机制和具体措施，形成了别具一格的天津生态文明建设司法特色。

第一，发挥环境资源类案件审判职能。天津环境资源司法案件总量呈波动上升趋势，对污染环境、破坏生态行为的打击力度不断加大，案件涉及范围不断扩大，环境资源司法保护面愈发广阔。至2024年，环境资源司法案件类型涵盖矿、林、农、水、电等资源类，涉及新质生产力类和海洋环境保护、相邻环境、污染侵权类等民事案件，以及环境、国土、林业、草原、地质矿产、能源、水利等行政管理领域的各类行政案件。[④] 天津法院充分发挥典型案例的示范作用。2023年，天津市1件海洋公益诉讼案例被最高人民法院和最高人民检察院作为典型案例发布，1件生态环境损害赔偿诉讼入选全国公益诉讼成果，4件环境资源案件入选全国法院环境资源案件案例库。[⑤]

第二，推进环境资源司法协同机制改革。一方面，积极推进区域协同机制改革。与北京、河北分别签署《京津冀公检法环打击治理污染环境违法犯罪框

① 《2023年天津市生态环境状况公报》。
② 《执法司法协作　守护碧水蓝天》，《天津日报》2024年5月14日，第2版。
③ 《天津市生态环境局2023年度行政执法工作情况的报告》。
④ 《天津法院环境资源审判白皮书（2023年1月—2024年7月）》。
⑤ 《天津法院环境资源审判白皮书（2023年1月—2024年7月）》。

架协议》《京津冀环境资源审判协作框架协议》《落实京津冀生态环境司法保护协作备忘录》《燕山生态环境司法保护协作框架协议》等。另一方面,积极推进执法司法协作机制改革,致力于将制度优势转化为执法效能,推动“行刑衔接”工作持续发展。例如,天津铁路运输法院与天津市生态环境局签署生态环境行政争议实质性化解协调联动机制合作备忘录。

第三,推进环境资源审判组织专门化建设。2020 年 10 月 21 日,天津创立了首家环境资源专门法庭——中新生态城环境资源中心法庭。2021 年,天津市高级人民法院在民一庭基础上挂牌成立环境资源审判庭。随后,各中级人民法院和部分基层人民法院也陆续成立环境资源审判专门机构和团队。近两年,天津针对大运河等不同生态环境要素,分别在 6 家基层人民法院建立了各具特色的环境资源专门法庭。天津不断推进审判组织专门化建设,实现了环境资源案件的集中管辖和专业化审理。

第四,践行恢复性司法理念。坚持恢复性司法理念,主动尝试以科技化、创新性手段实现生态环境修复,通过补植令、放养令、修复令等落实恢复性司法理念。部分法院在审理相关环境资源案件时,在内陆河流与渤海近岸开展增殖放流活动,根据属地气候和生物特点,投放鱼苗、蛤苗、贝苗近 120 万尾,维护生物多样性,促进区域生态环境改善。

(四)生态文明法治理念深入人心

2022 年、2023 年天津市分别通过《天津市生态文明教育促进条例》《天津市法治宣传教育条例》,聚焦提升公民法治素养和生态文明意识。

第一,重视生态文明建设普法工作。天津秉持全民普法与聚焦关键主体并重的原则,致力于增强公众的法治意识,将生态环境法治元素广泛渗透至社会生活的各个层面。一方面,通过巡回审判、共享法庭宣讲等方式宣传生态环境保护法律知识,提高生态文明普法的针对性和实效性。另一方面,突出强化媒体公益普法责任,通过开设法治栏目、节目,刊播法治公益广告,利用商场、公园等公共场所开展法治宣传教育等方式,将生态文明教育和法治宣传教育结合起来,普及生态文明基本知识,提升市民生态文明法治素质。

第二,拓宽公众参与渠道。公众参与环境保护的渠道呈现多样化趋势,激发了民众参与的积极性和创造性。积极拓宽公众日常参加生态文明建设活动和生态文明建设监督的渠道。积极践行创新理念,深度融合线上互动与线下实践的多元化模式。进一步深化与院校在环境资源司法实务和理论研究方面的合作,通过推动法官与教师双向培训、建设环境基地、举办学术论坛等活动,推进理论与实务相融合。充分利用丰富多元的融媒体手段,加大宣传,增进社会公众对绿色低碳生活方式的认同。

二　天津生态文明法治建设存在的问题

天津以解决生态环境问题为导向,在生态文明法治建设方面取得了显著成效,但是生态文明法治建设仍有待进一步深化。

(一)生态文明建设法规尚待体系化

第一,地方性法规覆盖范围有限。虽然天津制定了一系列生态文明建设法规,但部分领域仍存在空白,对污染和破坏环境行为的处理还缺乏规范依据。例如,浙江省在《浙江省生态环境保护条例》中专门设置了“生态产品价值实现”章节。相比之下,天津在生态产品价值实现方面的立法较为薄弱,尚未形成系统的法规规定。再如,江苏省在生态文明建设中注重构建绿色发展激励机制,通过完善生态保护补偿、绿色金融等政策手段推动绿色发展。天津虽然也在推动绿色发展,但在立法层面尚未全面覆盖这些激励机制。再者,天津缺乏工业固体废物污染防治条例,这给防治工业固体废物污染带来了不便。此外,天津作为沿海城市,海洋油气管道保护同样是亟须关注的问题,随着海洋开发进程的加快,海洋管道保护面临遭受破坏的风险。[①]

第二,新兴环境挑战应对不足。天津立法的前瞻性和稳定性仍有提升空

① 陆晓如:《海洋油气管道保护立法需加快推进——专访全国人大代表,中海油天津分公司党委书记、总经理阎洪涛》,《中国石油石化》2023 年第 10 期。

间。生态文明建设强调动态变化的治理过程,需要重视全球气候变化等新的环境问题。当前天津在生态文明建设法规政策制定方面,往往先制定政策性文件,后制定法规规章,这导致生态文明建设法规滞后于生态文明建设实践发展。生态文明建设政策性文件和法规规章无法避免地呈现出碎片化的特性。比如,面对新污染物这一新兴且复杂的环境挑战,我国整体的标准体系尚处于构建初期,新污染物治理工作面临着诸多挑战。由于当前新污染物认定标准存在缺失,天津在针对企业新污染物信息的采集、环境监测网络的建立和监督执法工作的执行等方面,均面临着法规依据不足、协调沟通不畅等困境,难以形成严密、高效、有力的法规体系。

第三,地方生态环境标准体系尚待完善。天津现行有效生态环境地方标准共计 28 项,这些地方标准展现了对大气、水和土壤污染防治等领域的高度重视。然而,在应对全球气候变化这一紧迫议题上,天津生态环境地方标准尚显薄弱,特别是在碳排放管理、温室气体减排策略及气候适应性规划等方面,现有的标准数量有限,深度与广度均有待加强。相比之下,北京已经先行一步,通过发布《二氧化碳排放核算和报告要求》系列标准,为碳排放企业提供了清晰、可操作的核算框架。天津发布了《碳普惠项目减排量核算技术规范》,旨在通过激励机制促进公众低碳行为,但在针对企业碳排放量的直接管控、减排目标设定和碳市场建设等关键领域,仍显不足,缺乏更为全面、严格的约束性标准。这在一定程度上限制了天津在推动绿色低碳转型、实现碳达峰与碳中和目标方面的步伐。

(二)生态文明建设执法机制不够健全

作为衡量生态文明法治化进程的关键标尺,生态环境行政执法力度的强弱影响着生态文明法治建设的成效与进程。

第一,执法力度不足。行政处罚不够严厉,难以形成有效的震慑作用。在实际执法过程中,部分地方、部分部门的执法强度未能充分匹配违法行为的严重性,一些污染企业得以逃避应有的惩罚,甚至在环境问题严重的情况下仍继续生产。其违法成本相对低廉,这无疑削弱了法律法规对企业非法排污行为的震慑效应，难以从根本上遏制环境违法行为的蔓延。

第二，执法权限划分不清晰。天津市生态环境、规划资源、城市管理、水务等多个部门在实际生态文明建设工作中存在执法权限划分不清的情况，部门之间协调和信息共享机制尚不健全，导致生态环境治理效果受到一定影响。一些复杂的环境资源违法案件由于缺乏有效的跨部门协作和信息共享未能及时查处。甚至在某些情况下，存在“多头监管”“重复执法”的问题，这不但增加了监管成本，也降低了执法效率。

第三，执法手段有限。传统的环境执法模式主要依赖人工检查和现场取样分析，这种方式不仅耗时耗力，而且难以对污染源进行实时监控。在一些偏远地区或夜间偷排的情况下，现有的监管手段仍然显得力不从心。部分企业在应对检查时采取临时性的减排措施，检查结束后“恢复常态”，针对污染监管执法采取“打游击”策略。

（三）生态文明建设司法保障不够完善

第一，审判组织专业化推进面临难题。面对专业性要求较高的环境资源案件，现有审判人员的专业知识已呈现缺口倾向。① 新污染物的出现给环境安全带来了严峻挑战。环境资源法庭面临独立性和专业性不强的困扰。② 不同审级的法院在对受案范围与重要概念的理解上存在偏差。③ 地域局限、成本过高、沟通不便等症结难以避免。

第二，少数环境资源司法案件趋向形式化。造成环境污染的责任方有时属于当地具有相当影响力和规模较大的企业。司法机关有时对这种大型企业污染环境的行为置之不理，仅处理小微企业污染环境的行为，这导致少数环境资源司法案件趋向形式化。

第三，生态环境修复创新措施有时缺乏法律依据。近年来天津市各级法

---

① 方斯远：《我国飞跃上诉的制度构建：兼论有限三审制的改革路径》，《中国法学》2020 年第 5 期。

② 孙佑海：《生态文明建设司法保障机制研究》，中国社会科学出版社，2020，第397 页。

③ 周旭：《我国环境法庭的现状评价及展望》，《河北环境工程学院学报》2023 年第 6 期。

院多次采用补植复绿、劳务代偿、技改抵扣、认购碳汇等各种生态环境修复责任的创新措施。然而,目前采用技改抵扣等措施缺乏法律基础,没有法律法规对技改抵扣的概念、性质和适用情形等进行明文规定。个案做法尚未转化为统一标准,法院对于是否支持适用技改抵扣存在不同意见,有的法院支持了企业提出的技改抵扣请求,而有的法院驳回了企业技改抵扣请求。

第四,跨区域生态环境保护司法协作实施难度大。目前虽然已经建立跨区域生态环境保护司法协作初步框架,但是尚未对跨区域司法协助、执行、司法强制以及信息共享等方面出台详细规范,缺乏明确的操作流程。这种制度不完善导致实际工作中出现跨区执行衔接困难、沟通不畅、执行进展缓慢等问题。这些问题在环境资源司法实践中普遍存在,影响了跨区域案件的高效处理和执行效果。

三　天津生态文明法治建设对策建议

坚定不移地遵循习近平生态文明思想和习近平法治思想,全面统筹、科学规划,推进生态文明建设立法、执法及司法等各项工作,为天津可持续发展奠定坚实基础。

(一)健全生态文明建设法规体系

第一,坚持目标导向,突出重点性。坚持目标导向,统筹考虑各方面立法需求,注重做好立法与改革决策相衔接、地方立法与国家立法相衔接、本市立法与京津冀协同立法相衔接、政府立法与人大立法相衔接。弥补重点领域立法的空白,填补当前法律规范中的疏漏。对于野生动植物保护、水流域治理等传统立法领域,结合天津所具有的特色,制定相应补充条款,确保生态文明建设法规和相关政策之间的一致性。通过制定生态文明建设法规增强对环境违法行为的惩罚力度,特别是对屡次违规的企业加大处罚力度。

第二,坚持问题导向,突出实效性。紧扣立法实践需求,充分彰显天津特色,将立法着力点放到解决制度性突出问题上,大力推进“小切口”“小快灵”

立法。目前天津生态文明建设地方性法规在大气、水、生活垃圾等领域已有一定覆盖,但仍存在立法碎片化、内容不完整的问题。未来应针对生态文明建设的不同领域,制定更加系统的法规,并确保法规之间有效衔接,避免出现法律盲区和漏洞。此外,应提高地方性法规的前瞻性和实效性,以应对新污染物污染等新兴环境挑战。

第三,坚持实践导向,突出可操作性。立法中应聚焦于打造清晰具体且切实可行的法律条款,为执法部门提供明确的行动指南与操作标尺。研究制定和修改完善生态文明建设地方性法规,加强节能降耗、减污降碳标准建设。以固体废物处理为例,在制定相关法规时应明确界定不同种类固体废物的分类标准,明确每一类别固体废物的具体处理处置要求,以及违反规定时应当承担的法律责任。此外,建立常态化生态文明建设地方性法规立法后评估机制,加快创建立法后的反馈机制,改变立法过程中重"数量"轻"质量"的做法,做到数量和质量的兼得。

(二)提升生态文明建设执法质效

全面提升生态文明建设执法质量与效能,充分发挥生态文明建设行政执法的积极作用。

第一,加大生态文明建设执法检查力度。加大对违法企业和个人的惩处力度,提高环境违法的成本。落实生态环境保护综合行政执法改革要求,加强执法机构规范化建设,推动跨区域跨流域生态环境联合执法、交叉执法,建立与市级有关执法队伍协作执法机制。秉持"全面覆盖与重点聚焦并重"的执法理念,实施"全方位扫描"以覆盖生态环境保护的各个领域。加速健全跨行政部门间协同执法,加强信息互通、协同处置突发性生态环境事件等方面的合作机制,同时进一步明确部门之间的职责分工,避免面对环境问题责任相互推诿。

第二,强化生态文明建设执法监督考核。有权必有责,用权必监督。强化生态文明建设执法监督考核机制。坚持内部监督与外部监督相结合,建立健全执法内部监督机制,同时接受社会监督和舆论监督。编制生态环境行政执法办案的权责清单,细致梳理并明确行政执法机关的权限划分。实施定期考核与问责制度,对执法人员的表现进行周期性的审视与评价。对于执法不力、玩忽职守或滥用职权等行为进行严肃问责,坚决维护执法队伍的廉洁性与高效性,确保生态环境行政执法的权威性与公信力。

第三,提升生态环境保护应急执法能力。大力推动生态环境应急管理体系和能力现代化,全面提高生态环境应急精准化、规范化、科学化水平。加强生态环境应急管理制度建设。以“降数量、控影响”以及保障海河生态安全为重点,树牢底线思维,实施精准治理,坚持依法应急,推进社会共治。加强环境应急队伍建设,定期开展基层生态环境应急人员培训,建立完善生态环境应急专家库。同时,完善与公安、消防救援等专业应急救援队伍联动机制,定期开展应急监测演练,提高应急协同支撑能力。加强生态环境应急处置技术装备研发和基地建设,积极运用物联网、大数据等先进技术,提高科技配比,加强应急监测装备配置,实现从人防、技防向智防提升。

第四,加强生态环境保护综合行政执法队伍建设。加强生态环境保护执法人员培训,提升专业素质和执法能力。针对执法人员不足、老龄化严重等问题,适当扩充执法队伍,特别是在环境问题突出的区域,确保执法力量覆盖到所有需要重点监管的领域。加强执法人员的业务培训,补齐海洋环境保护、应对气候变化、生态监管专业知识短板。优化队伍结构,推动执法队伍的专业化、年轻化,吸引更多具备环保专业知识和执法经验的人才加入,提升整体执法水平。

(三)强化生态文明建设司法保障

深刻认识司法机关的独特价值与潜力,进一步发挥引领作用,增强司法在生态文明法治建设中的保障效能与力度。

第一,增强天津环境资源审判专业能力。加强环境资源法庭的司法资源投入,包括增加法官人数、提升法官专业知识水平等,以提高案件审理的质量和效率。此外,通过培训、交流等方式,提升法官处理新型环境问题(如气候变化、生态保护补偿等)的能力。

第二,推动京津冀生态文明建设司法协作。京津冀经济发展的互补性、整体性以及水、大气、土壤自然环境保护的整体性、不可分性,决定了京津冀生态文明建设司法协作的必然性。针对跨区域严重的生态环境问题,与北京、河北建立更加紧密的司法协作机制,细化审判细则和执行措施。对于审判细则,积极明确并推动京津冀区域内各级法院开展针对性的跨区域司法协作。在原有的涉水、大气、土壤污染治理案件审判基础上,进一步加大对噪声污染、辐射影响、碳汇交易等新型案件类型的审判探索力度。在执行层面,各级法院可联合北京、河北法院共同探索并创新生态环境修复的执行方式,同时加强在司法典型案例宣传与合作方面的协作,以进一步完善常态化的区域司法协作机制。

第三,提升生态文明建设司法公信力。法院、检察院应通过发布典型案例、召开座谈会等方式,推广先进的司法理念和做法。鼓励各级法院在审理环境资源案件时积极创新审判方式和方法,形成可复制、可推广的经验和做法。通过典型案例形成示范推广效应。通过对典型案例的深入分析和广泛推广,增强类似案件在法律适用上的一致性,减少同案不同判的现象。在案件审理前,制定工作预案,强化院长/庭长对案件的监督管理,持续密切关注案件进展,听取合议庭汇报,提升案件审判质效。此外,积极倡导并主动邀请行政机关工作人员、媒体记者旁听庭审、全程跟踪报道案件审理过程,接受社会监督,听取意见建议,增强公众的环境资源保护意识。

第四,筑牢生态环境公益诉讼制度。各级法院应积极贯彻恢复性司法理念,推进生态环境公益诉讼制度,以预防和修复生态环境损害为目标,保障生态环境公共利益。积极贯彻将“恢复性”司法理念融入刑事司法,通过“刑事处罚+公益诉讼”手段,发挥刑事附带民事诉讼效率优势。注重受损生态环境的修复和恢复,推广创新性修复方式,实现“治罪”与“治理”并重。积极受理和审理生态环境公益诉讼案件,依法判令污染环境者和破坏生态者承担生态环境修复责任。加强恢复性司法成果转化,解决恢复性司法面临的理论和实践难题。

天津生态环境宣传教育实践与经验研究报告

刘楠楠　天津城建大学环境与市政工程学院副教授

摘　要： 生态环境宣传教育是生态环境保护事业的重要组成部分，也是实现生态文明建设的基础和动力。近年来，天津深入贯彻落实习近平生态文明思想，以促进生态环境的改善和可持续发展为目标，切实加强生态环境宣传教育工作，制定了生态环境宣传教育计划和政策，借助新媒体平台有效扩大受众范围，选树典型案例增强市民参与感，组织志愿服务活动和环境教育项目，推动了全社会环保意识的增强和生态文明建设的深入发展。当前，生态环境宣传教育工作内容传播创新不足、公众环保意识不平衡和宣传教育队伍专业化水平有待提升。为此，本报告提出了加强领导力、提升宣传教育效能、加强队伍建设，以及通过多方力量汇聚推动工作的策略，以期进一步提升生态环境宣传教育效果，推动绿色发展理念深入落实。

关键词： 生态文明建设　环境宣传教育　绿色发展　环保意识提升

生态环境宣传教育作为生态环境保护事业的重要组成部分，是贯彻落实习近平生态文明思想、深入打好污染防治攻坚战的前沿阵地和重要支撑，也是实现生态文明建设的基础和动力，发挥着统一思想、振奋士气、凝聚力量、解疑释惑、明辨是非的关键作用。

党的十八大以来，党中央、国务院对生态文明宣传教育工作高度重视，作出一系列重要部署。2017 年 5 月,习近平总书记在主持中央政治局第四十一次集体学习时强调,加强生态文明宣传教育,强化公民环境意识,推动形成节约适度、绿色低碳、文明健康的生活方式和消费模式,形成全社会共同参与的良好风尚。2018 年 4 月,习近平总书记在深入推动长江经济带发展座谈会上强调,要做好宣传舆论引导工作,营造崇尚生态文明的良好氛围。2020 年 3 月,中共中央办公厅、国务院办公厅印发《关于构建现代环境治理体系的指导意见》,要求健全环境治理全民行动体系,推进环境保护宣传教育进学校、进家庭、进社区、进工厂、进机关。2021 年 11 月,中共中央、国务院印发《关于深入打好污染防治攻坚战的意见》,强调把生态文明教育纳入国民教育体系,增强全民节约意识、环保意识、生态意识;要强化宣传引导,创新生态环境宣传方式方法,广泛传播生态文明理念。

近年来,天津深入贯彻落实习近平生态文明思想,以促进生态环境的改善和可持续发展为目标,切实加强生态环境宣传教育工作,通过多种形式的宣传教育活动,引导全社会树立正确的生态价值观,增强全体市民对生态环境保护的责任感和参与感,形成了强大的社会合力,为生态文明建设打下了坚实基础。

一　生态环境宣传教育润物无声、层叠积累

(一)坚持政策先行,夯实生态环境宣传教育基础

政策是确保生态环境宣传教育工作的基石。天津制定了生态环境宣传教育计划,确保各项任务的有效落实。2024 年天津 14 个委办局联合制定了生态环境宣教计划,明确 56 项具体工作任务,制定任务清单,压实工作责任,为部门协作提供了清晰指引;深化“美丽中国,我是行动者”系列活动,市委社工部等 9 部门联合制定印发实施《天津市深入开展“美丽中国,我是行动者”系列活动实施方案》,制定 6 方面 18 项措施,通过整合资源,形成合力,推动生态环保宣传工作有效开展,加强美丽中国建设全民行动;起草全面加强生态环境宣传

教育工作的《关于全面推进美丽天津建设的指导意见》,进一步明确生态文明建设的目标和实施路径。通过相关政策措施,天津在生态环境宣传教育中建立科学、有效的工作体系,为进一步推动生态文明建设打下坚实的法律和政策基础。

(二)依据新媒体矩阵,唱响生态文明建设主旋律

在推进生态文明建设过程中,新媒体为生态环境宣传提供了全新的视角与渠道。高效的新闻发布和新媒体宣传,不仅扩大了受众范围,还培养了公众的生态优先理念。

一是以进网络扩受众群体,培育生态优先理念。2024 年前三季度,生态环境局召开了 8 场新闻发布会、3 场媒体座谈会和 19 次集中采访,开展“公仆走进直播间”1 次,组织集中采访活动 19 次,中央、市级媒体共播发宣传报道近 400 篇,形成了大量的宣传报道。做好重大活动宣传报道,组织媒体记者集中采访美丽中国数治大会、世界环境日、全国生态日、生态环境监测大比武等重大活动,形成亮点报道。新华社报道《他们在一线守卫“生态绿”》浏览量达 89.4 万次。

二是注重原创发布与互动,丰富新媒体产品。新媒体时代,原创内容和互动性是吸引公众参与的重要因素。天津优化提升了“天津生态环境”微信公众号,开展“实干开新局”“新春新气象”“京津冀协同”“志愿青与绿”等一系列主题宣传。在服务群众方面,优化板块设置,在公众服务栏目完善空气质量实时预报功能,增加机动车业务办理模块。制定了一系列宣传工作举措,利用微信公众号等新媒体平台开展全方位宣传。开通微信视频号,发布短视频产品 50 组,通过短视频生动的画面和真实的故事传递生态保护理念,展示志愿者活动和绿色生活实例,增强公众对生态环境保护的认同感和参与意识,提高了信息传播效率,为生态环境宣传增添了新的活力。组建美丽天津工作室,策划拍摄《美丽天津主播说》视频。在市委网信办发布的天津政务新媒体传播力排名中,“天津生态环境”2024 年位列前 20 名的“第一方阵”。通过新闻发布计划和新媒体平台,天津生态环境宣传成功扩大了受众群体,培育了公众的生态优

先理念。增强市民的环保意识，推动了全社会对生态文明建设的认同与支持，为可持续发展奠定了坚实的基础。

三是挖掘典型案例，突出展示成效。生态环境宣传教育中，挖掘和展示典型案例是提升公众参与意识和宣传效果的关键手段。天津充分发挥典型案例的示范作用，营造了浓厚的学习氛围。在微信公众号上开设专题栏目，专门展示生态环境保护的成功案例和改革亮点，有效传播了国家和地方在生态环境保护方面的政策导向和成功经验，通过详细介绍项目背景、实施过程和成效，提高了公众对生态环境保护的认知，激发了更多市民参与环保活动的热情。如“美丽中国，我是行动者”系列、生态亲子健步走、废弃物市集、垃圾分类常识小竞赛等活动的开展吸引了大量市民的参与。市民不仅学到了生态环保知识，还增强了对生态保护的责任感与归属感。这些活动的成功组织与良好反馈，成为天津市生态文明建设的重要典范。通过挖掘和展示这些典型案例，天津市成功营造了良好的学习氛围，推动全社会共同关注与参与生态环境保护。

（三）社会宣传开拓创新，传播生态文明理念

一是举办座谈会和论坛进行宣讲。邀请专家学者、文化人士为弘扬生态文化、传播绿色价值观念建言献策。2024 年，市生态环境局联合天津社会科学院、南开大学生态文明研究院举办的生态文明海河论坛，吸引了众多国内专家学者参与，与会者分享研究成果和实践经验，讨论天津如何实现绿色发展、生态效益与经济效益双赢。论坛形成了《美丽天津建设倡议书》，为推进生态环境建设提供参考。鼓励社区组织环保知识讲座和植树活动，学校开展环保知识竞赛，丰富多样的活动吸引了更多市民参与，提高了公众对生态文明建设的认识和实践。

二是开展生态环境创新活动。在全国生态日、世界环境日期间举办津沽环保行、低碳环保嘉年华等活动，开展“我是小小生态环境局长”公益活动，激发孩子们的责任感，每年组织“天津环境文化节”，培植良好的环境文化土壤，推动开展“美丽中国，我是行动者”主题活动。2024 年组织首届“你好美丽天津”网络短视频大赛。以“记录津城生态之美　讲好美丽天津故事”为主题，

在抖音等7个平台开设“你好美丽天津”话题。广大群众参与热情高涨，参赛作品数量超过1万部。充分利用卡通形象“环小津”制作展牌、手偶等产品，编写环境教育读本，丰富表现形式。排演了舞台剧《一切为了提升群众的生态环境幸福感》，并在生态环境部公众号发布原创相声节目，传递生态文明的价值观。

(四)开展生态环境志愿服务，提升公众环保意识

生态环境志愿服务是提升生态文明的重要手段和路径，不仅能够改善社区环境质量，还能增强居民的生态环保意识和参与感，是一项意义深远的活动。天津建立了生态环境志愿服务支队，增强了市民的环保意识和参与热情。2024年前三个季度开展各类志愿服务活动300余次，在全市16个区和5个功能区生态环境部门依托“志愿天津”平台分别组建了生态环境志愿服务支队21支，成立特色志愿服务队伍10支。动员整合生态道德促进会等30余个社会组织和团体，成立了天津市生态环境志愿服务联盟，开展志愿服务活动。联合市级部门牵头组织开展“美丽海湾我在行动”公益净滩活动，每月常态化开展净滩、科普宣讲等活动；定期调度各区的志愿服务活动，使得志愿者能及时反馈，激发主动性，感受到成就感与归属感。通过培训与交流，志愿者的专业技能与服务水平不断提升，确保活动的有效性和影响力。在和平区青少年宫的科普活动中，志愿者不仅普及环保知识，还组织制作环保手工皂，强调绿色生活的重要性，从而增强了居民的环保意识，也为公众参与生态环境保护提供了必要的知识与动机，充分展现了政府在生态文明建设中的引领作用。

(五)加强环境教育，生态文明建设良好氛围逐步形成

天津重视生态文明教育工作，明确学校和家庭在教育中开展生态文明教育，规定教育部门应当将生态文明教育纳入学校、幼儿园教育。各高校积极行动参与生态环境宣传教育，如天津师范大学地理学部启动了全国生态日的主题宣传活动，组建生态宣讲团，深入乡村开展生态文明社会实践，推动绿色理念传播。天津科技局批准南开大学和天津城建大学环境学院科普基地，南开

大学多次组织开展环境科普活动，如“生态文明，走进你我”科普线上课堂、南开大学科技周、环境科学与工程学院开放日等活动，持续强化科学技术在环境保护领域的重要作用，希望青少年学科学、用科学、爱科学，为生态文明建设贡献力量。如开放日活动围绕参观、实践操作、虚拟仿真体验等展开15项活动。参观活动以环境治理为主题，包括“蓝天白云背后的污染治理工艺”“关于固体废物的那些事儿”“了解不一样的污水处理工艺”等活动。实践操作环节以9个主题活动展开，包括“垃圾分类大投篮与DIY涂鸦环保袋”“污水变清泉——‘砂’净水清”“显微镜观察动植物切片”“制作多彩的生态瓶”“了解大气污染物的样貌和来源”“神奇发电细菌的应用”“净水节水在身边”“你的声音有多大”“土壤污染的预报员”。天津城建大学给水排水与环境工程科普基地也展示了“奇妙的水世界”主题内容，一个个鲜活的例子，不仅让青少年看到了科技的力量，更引发了他们对科技环保的兴趣，通过参观、实践与交流的形式让其充分感受到科技环保的魅力，为守护绿色家园贡献力量，进一步推动绿色发展和环保意识的普及。

（六）搭建实用宣传载体，传播生态价值理念

为促进公众低碳生活，市生态环境局对接津云和泰达低碳中心，开发了“碳普惠”小程序，为市民提供便捷的低碳生活指导和资源共享，增强公众对低碳理念的理解与实践。小程序汇集了丰富的环保知识、低碳生活小贴士和相关活动信息，使用户轻松获取所需资料。“碳足迹计算”功能的引入，帮助用户评估自身的碳排放，并提供切实可行的减碳建议。这一数字化工具不仅提高了环保知识的传播效率，也激发了公众参与低碳生活的积极性，推动生态文明建设向更深层次发展。实现绿色低碳转型，广泛的社会参与至关重要。市生态环境局坚持科技赋能与创新驱动，实施全民低碳行动，努力推动形成绿色低碳的生产与生活方式。借助“碳普惠”小程序的推广以及世界环境日的线下活动，公众被鼓励自觉践行绿色生活方式。此外，京津冀首届大学生绿创大赛吸引了超过30万名在校大学生的参与，旨在为污染防治攻坚战注入新动力，促进科技成果转化为实际生产力。

在基础设施建设方面,在800个社区安装公益宣传电子显示屏,形成环境宣传网络,在高速公路和社区安装了大型户外环保广告牌以及公益宣传电子显示屏,引导全市人民关注环保、支持环保、参与并践行环保活动。建成300平方米的"碳达峰、碳中和"科普展厅,开展技术培训与交流研讨,同时开通"天津低碳"微信公众号,宣传降碳减污的科普知识。

通过这些综合性的宣传与教育活动,天津市在推进生态文明建设中不断增强公众的环保意识,激励更多市民参与生态环境保护,为建设美丽中国贡献力量。全社会的共同努力和广泛参与,正是实现可持续发展的关键,未来还将持续推动绿色理念的深入落实,促进生态环境的持续改善与发展。

二 生态环境宣传教育面临的新形势新要求

当前,我国经济社会发展已进入绿色化、低碳化的高质量发展阶段,生态文明建设仍处于压力叠加、负重前行的关键期,生态环境治理呈现问题点多面广、矛盾新旧交织、压力累积叠加的特点,生态环境保护任务依然艰巨。必须坚定不移以习近平生态文明思想为引领,立足全面建设美丽中国新阶段,深刻把握生态环境保护的形势任务,通过广泛宣传动员,激发全社会共同呵护生态环境的内生动力,发动全社会共同参与生态文明建设行动。

建设美丽中国是全社会共同参与共同建设共同享有的事业,生态环境治理体系和治理能力现代化,也离不开公众参与和全民行动。生态环境宣传教育工作承担着动员社会参与的重任,要不断提升全民生态素养,增强全民节约意识、环保意识、生态意识,培育生态道德和行为准则;要积极拓展全民参与治理的领域范围,开展全民绿色行动,动员全社会以实际行动减少能源资源消耗和污染排放,为生态环境保护作出贡献;要完善共建共治共享机制政策、公众参与制度,维护公众生态环境权益,为全民参与提供支持与保障;要健全生态环境治理激励机制,最大限度激发全民参与的积极性和创造性,形成全社会共同参与、共同行动的生态文明建设大格局。

三 深入推进生态环境宣传教育的对策及建议

一是强化领导力，确保宣传教育工作政治方向。把习近平生态文明思想学习宣传作为生态环境宣传教育工作的核心，深刻领悟习近平生态文明思想所蕴含的思想方法和辩证逻辑，将其贯彻到生态环境宣传教育工作的各领域、全过程，牢牢把握新时代宣传教育工作的重点、节奏和力度。引导全社会深刻认识习近平生态文明思想是经过长时间实践检验形成的科学理论，是拓展了全球生态环境治理的可持续发展理念，是新时代中国共产党人创造性地回答人与自然关系、经济发展与环境保护关系问题取得的原创性理论成果。树立“大环保”的宣传理念，汇聚资源当好宣传主体，号召社会各界重视生态文明宣传教育，在全社会形成“大环保”的生态文明宣传格局。树立生态文明宣传联动理念。通过生态和环境的常识宣传，增强公众的环保意识。要结合群众的生产生活特点，采取有针对性的措施开展形式多样的宣传工作，使生态文明宣传入耳入脑入心。

二是丰富宣传教育形式，提升环境保护宣传的影响力。面对新时代生态环境保护形势日新月异、传播手段层出不穷的新变化，生态环境宣传教育工作必须适应新形势新要求，要坚持系统观念，改进工作方式，不断拓展宣传形式、丰富宣传载体，实现宣教工作理念和模式的迭代升级，切实肩负起举旗帜、聚民心、育新人、兴文化、展形象的使命任务。一方面，充分利用“地球日”“世界环境日”“生态日”等相关环保节点营造环境保护的氛围，将环境保护渗透到市民的日常生活中。定期组织宣传活动，围绕“生态环境日”“生物多样性”“世界水日”“低碳日”开展行之有效的生态宣传主题活动，制作传播有关生态环保主题的抖音小视频、科普剧、情景剧、快板、相声等，开展市民群众喜闻乐见的文化活动，切实起到寓教于乐、潜移默化的作用。同时把握宣传节点，针对居民的生活习性和生产特点，鼓励全民主动参与生态环境保护，引导群众节约节能，倡导绿色生活、绿色消费、绿色生产的生活方式。另一方面，提升环境新闻宣传工作，充分发挥媒体，特别是新媒体在环保宣传教育中的作用，如通过津云、北方网等媒体平台,营造大环保舆论氛围。提高群体从不同的媒体接触环保,意识到环保的重要性,开始关注、关心环保,并从自身出发主动宣传环保。用通俗易懂、形式多样、朗朗上口、幽默风趣的方式,把科普性较强的环保常识,以群众喜闻乐见的形式宣传到千家万户,将“要我环保”转变为“我要环保”的宣传模式。发挥“两微一端一抖”(微博、微信,新闻客户端,抖音)等手机互联网平台传播迅速、覆盖面广、信息量大、受众面广的优势,使群众在生产生活中时刻能听能看,通过耳濡目染的宣传,把环保知识送进群众心坎中。

三是汇聚社会力量,构建宣传教育工作大格局。一方面,汇聚多方力量是构建宣传教育工作大格局的关键。加大宣传教育专业人才的培养力度,全面提升宣传干部队伍的专业素养和专业能力,打造一支政治过硬、作风优良、纪律严明的专业宣传教育队伍,确保党的重大理论和重要政策能够传递到基层群众中,并在基层落地生根。加大对环保社会组织的引导、支持和培育力度,充分发挥共青团、妇联等群团组织及行业协会和商会的作用,动员和引导企业参与绿色发展理念传播,鼓励社会各方以多种形式开展生态环境宣传教育活动、积极参与生态环境志愿服务,共同推动构建生态环境宣传教育工作大格局。另一方面,充分整合各级学校的宣传教育资源。在全市中、小学开展多种形式的环境保护宣传活动,如邀请从事环保行业的家长进校为学生们普及环保知识,举办垃圾分类、节能环保等专题竞赛,培养学生的环保意识和科学环保兴趣,用科学的影响、科学的态度、科学的方法,提升学生的环保素质。推广南开大学、天津城建大学做法,允许市民在开放日进入环境实验室,动手体验趣味环保实验,加深对环境保护的认识。同时,推动环境保护课程真正走进课堂,成为一门选修课甚至必修课程,让环保意识和行为深入人心。

参考文献:

[1] 田成川:《加强生态环境宣传教育 激发全社会共同呵护生态环境的内生动力》,《环境与可持续发展》2023 年第 5 期。

［2］习近平:《高举中国特色社会主义伟大旗帜　为全面建设社会主义现代化国家而团结奋斗》,《人民日报》2022 年 10 月 26 日,第 1 版。

［3］习近平:《论坚持人与自然和谐共生》,中央文献出版社,2022。

［4］郎明朗、邱珍:《新时代大学生生态素养培育的现实困境与路径优化》,《内蒙古农业大学学报(哲学社会科学版)》,http://kns. cnki. net/kcms/detail/15. 1207. G. 20241227. 0840. 004. html。

［5］《教育部关于印发〈加强碳达峰碳中和高等教育人才培养体系建设工作方案〉的通知》,http://www. moe. gov. cn/srcsite/A08/s7056/202205/t20220506_625229. html. 2022 年 4 月 24 日。

［6］陈时见、袁利平:《我国生态文明教育的演进逻辑与未来图景》,《西南大学学报(社会科学版)》2024 年第 1 期。

［7］董维维:《大学生生态文明责任意识培育研究》,《思想教育研究》2021 年第 11 期。

［8］张志民:《做实生态环境教育,践行绿色低碳生活》,《环境教育》2024 年第 12 期。

［9］杨盼、王沐阳:《面向永续发展:中国生态文明教育的内涵厘定、时代使命与创新路径》,《当代教育论坛》,https://doi. org/10. 13694/j. cnki. ddjylt. 20241216. 001。

［10］岳伟、陈俊源:《环境与生态文明教育的中国实践与未来展望》,《湖南师范大学教育科学学报》2022 年第 2 期。

［11］Monroe M C, Andrews E, Biedenweg K. "A framework for environmental education strategies". *Applied Environmental Education & Communication*, 2008, vol. 6, no. 3 – 4, pp. 205 – 216.

［12］Jiahua Pan, Shiji Gao, Qingrui Li, Jinnan Wang. *Beautiful China: 70 Years Since 1949 and 70 People's Views on Eco-civilization Construction*. Newyork: Springer, 2021, pp. 546 – 548.

天津生态保护补偿机制创新与思考

杨　志　天津社会科学院生态文明研究所副研究员

摘　要： 生态保护补偿制度是生态文明制度的重要组成部分，是守护“绿水青山”和收获“金山银山”的重要保障。天津深入践行“绿水青山就是金山银山”理念，基本建成与经济社会发展状况相适应的生态保护补偿制度体系。同时，在政策法规、组织实施、资金绩效和市场化拓展方面存在局限性，持续推进生态保护补偿制度建设及深化改革，需充分发挥综合法规引领、多领域政策协同与配套制度支撑的合力效应，建立健全地区间、部门间、主体间的统筹协调机制，为细化落实和探索创新生态补偿机制提供基础保障，以清单式、报表式、社会参与式手段完善资金统筹、绩效考核及监督管理体系，以市场化、金融化、产业化思维拓展“造血式”补偿路径，推动生态保护补偿机制的高质量落实和生态文明的可持续发展。

关键词： 生态保护补偿　生态产品价值实现　生态产业化　市场化

一　天津生态保护补偿现状及成效

天津深入践行“绿水青山就是金山银山”理念，持续推进森林、湿地、重点生态功能区、地表水环境、清新空气行动、引滦入津等12项核心领域生态保护补偿制度建设及系统改革，积极探索市场化多元化生态补偿新模式、新路径和试点示范，基本实现重要生态环境要素和生态功能重要区域生态保护补偿全覆盖,与经济社会发展状况相适应的生态保护补偿制度体系基本形成。

(一)财政纵向补偿制度日趋完善

天津不断完善转移支付制度,逐步扩大补偿范围,合理提高补偿标准,推进生态保护补偿工作科学化、制度化、法治化,实现湿地、森林、海洋、渔业、水流、耕地等重要生态环境要素和重点生态功能区等生态功能重要区域生态保护补偿全覆盖。

第一,聚焦重要生态环境要素,以生态保护成本为主要依据的分类补偿制度更加完善。湿地生态保护补偿依据《天津市湿地生态补偿办法》,对宁河区七里海湿地和武清区大黄堡湿地自然保护区核心区、缓冲区流转集体土地实施每年每亩补偿500元的生态补偿,惠及保护区群众。森林纳入生态补偿范围的19.8万亩公益林全部位于蓟州区境内,实行国家级公益林(14.23万亩)和市级公益林(5.57万亩)补偿联动、分类补偿和分档补助双向结合的公益林生态效益补偿机制,补助标准提高到每年每亩20元。海洋生态保护补偿采用协议方式支持退养还滩,实施范围由滨海新区南部马棚口区域逐步扩大至北部大神堂、洒金坨区域,同时研究建立国家级海洋自然保护区、海洋特别保护区生态保护补偿制度。渔业生态保护补偿持续实施减船转产、伏季休渔、增殖放流等,争取并落实中央海洋生态保护修复资金,有效保护渔业资源和修复海洋生态。水流生态保护补偿重点在集中式饮用水水源地、重点河流敏感河段和水生态修复治理区等,通过安排于桥水库库区生态补偿资金,实施于桥水库TOT项目融资和"净水进津"工程等举措,实现水源区保护和引供水质量持续提升。耕地生态保护补偿在武清区、宁河区、静海区、西青区、北辰区、滨海新区6个区实施市级轮作休耕试点,持续完善耕地保护与质量提升制度。近年来,中央、市、区三级财政每年投入生态保护补偿资金总计在10亿元左右。

第二,强化生态安全保障,以提升公共服务保障能力为基本取向的综合补偿制度有序深入。天津实施重点生态功能区保护补偿,由市级统筹中央对重点生态功能区转移支付资金,按照重点生态功能区补助、禁止开发区域补助、考核奖励三项因素进行资金分配,并在蓟州和宁河区开展生态综合补偿工作,实现了对统筹保护模式的初步探索与实践。天津建立了包括 8 个自然保护区和 9 个自然公园的自然保护地体系,总面积达到 1526.81 平方公里,推进对自然保护区、风景名胜区、湿地公园、地质公园等多种类型生态资源富集区域的保护。同时,逐步完善全域三区三线划定工作,优化调整主体功能区建设,在绿色生态屏障一级管控区和主体功能区禁止开发区域实施严格管控,为提升生态功能重要区域生态安全和服务能力提供了有力保障。

(二)地区间横向补偿制度持续优化

天津立足京津冀协同发展战略和南水北调工程等国家重大决策部署,持续推进跨省市地区间横向生态补偿,探索创新市内空气和地表水环境保护横向补偿制度,促进生态受益地区与保护地区利益共享,生态保护者和受益者良性互动的局面基本形成。

第一,跨流域横向补偿机制不断完善,持续推进重要流域生态环境保护。天津在跨省市生态保护补偿机制建设方面比较成熟,补偿方式日趋多元化。引滦入津工程是新中国第一个跨流域、跨省市大型引水工程,天津建立健全引滦入津上下游横向生态保护补偿机制,津冀两地先后签订三期引滦入津上下游横向生态保护补偿协议,承德、唐山两市累计获得引滦入津上下游横向生态补偿资金 29.9 亿元,有力推动滦河流域上游地区水环境治理、水生态修复、水资源保护,黎河桥、沙河桥 2 个跨界考核断面水质稳定达到地表水Ⅱ类水质标准,惠泽引滦入津沿线和上下游广大人民群众。2024 年是南水北调中线工程全面通水十周年,天津累计支持陕西省水源区生态环保、产业转型、公共服务、乡村振兴、经贸交流等领域项目 484 个,投入对口协作资金 31.2 亿元,带动投资达 465 亿元。2024 年以来,津陕全面落实《天津市对口协作陕西省水源区“十四五”规划(2021—2025 年)》,共同谋划实施 40 个协作项目保水质、强民生、促转型,生态环境类和公共服务类项目分别占协作资金总量的 60.2% 和 23.3%,产业转型、乡村振兴、经贸交流等方面的投入不断增加,两地产业链供应链深度对接融合,生态产品价值实现机制逐步建立,两地协作迈入高水平、宽领域、深层次。

第二，市域内横向补偿机制创新纵深推进，生态系统服务水平有效提升。天津实施空气和地表水环境质量排名奖惩制度，印发实施《天津市清新空气行动考核和责任追究办法（试行）补充办法》和《天津市水环境区域补偿办法》，每月对空气和地表水环境质量进行监测排名，对排名前7位的区给予财政奖补，对排名后7位的区实施财力扣减，并及时发布天津市及各区地表水环境质量状况及经济奖惩情况月报，对激励各区改善地表水和空气环境质量取得实效，近年来国考断面中Ⅰ-Ⅲ类水质断面占比达58.3%，基本消除劣Ⅴ类水质断面。同时，天津建立了支持蓟州区高质量建设国家重点生态功能区横向补偿机制，设立支持蓟州区高质量建设国家重点生态功能区生态保护补偿专项资金，由市级负担65%，区级负担35%，每年根据绩效评价结果确定专项资金补助金额，补偿模式和管理方式逐步完善。

（三）市场机制补偿逐步健全

天津加快推进市场化多元化补偿机制创新和路径拓展，建立健全资源环境权益交易体系和绿色金融体系，实现对发展机会和相应生态产品及服务的市场化补偿，激发金融资本和社会资本参与生态保护的积极性，推动生态产品市场主体培育和生态产业发展壮大，推动生态优势转化为产业优势，促进保护地区的土地、劳动力、资产、自然风光等要素"活"起来，形成可持续的生态保护补偿机制。

第一，资源环境权益交易试点加快推进，引领示范和辐射带动作用逐步显现。天津是国家首批七个碳排放权交易试点之一，以《天津市碳排放权交易管理暂行办法》为引领的碳排放权交易制度体系不断完善，交易主体范围逐步扩大至145家企业，已连续8年达到碳排放履约率100%。2023年创新实施绿电碳排放核减措施以来，企业购买使用绿电的积极性持续提高，2024年度绿电交易成交电量50.03亿千瓦时，是2023年的2.73倍。充分发挥碳市场在生态保护修复中的补偿作用，支持重点排放企业购买经国家核证的林业碳汇等CCER（中国核证自愿减排量）项目，推进森林碳汇等碳普惠项目开发，推动生态产品价值实现。天津推进水权交易配置基础性研究，研究制定天津市地表水水量分配方案,以外调水为突破口探索开展水权交易;推进排污权有偿使用和交易试点工作,按季度对钢铁、燃煤火电、平板玻璃、垃圾焚烧等行业单位产品大气污染物排放强度进行监测评估,夯实排污权交易数据基础;深化矿产资源资产有偿使用制度改革,矿产资源有偿使用及交易政策框架基本形成。同时,天津在全国率先搭建了集要素整合、要素流转、要素资本化于一体的农村产权交易三级市场服务体系,推动生态资源权益交易,实现林权流转交易平台对全市10个涉农区镇(街)村全覆盖,2023年天津累计完成林权流转交易599笔,交易总金额12.67亿元。

第二,绿色金融体系逐步完善,金融资本和社会资本配置水平稳步提升。天津统筹推进绿色金融体系构建和绿色金融改革创新取得明显成效,出台“天津绿金十条”、扩大碳减排支持工具等政策措施,发布金融机构碳核算、绿色融资租赁等专项标准,建立全市绿色金融服务联席会议制度,搭建绿色金融政策创新研究、信息对接和沟通协调平台,上线运营全国首个服务绿色租赁标准化的信息化平台“绿租云”。深化绿色金融产品和服务创新,截至2024年6月,天津绿色贷款余额为6563.82亿元,同比增长18.2%,租赁公司服务绿色产业的租赁业务余额近5000亿元,绿色租赁资产占比超20%,仅上半年发行绿色债券(13只)规模达49.52亿元,绿色金融创新驱动取得良好成效。天津积极发挥在租赁、基金、保理等金融领域的全国领先优势,陆续落地“双质押登记”碳配额贷款、租赁企业可持续发展挂钩债券、“碳中和”资产支持票据、“蓝色债券”和“七里海湿地生物多样性绿色公益信托”等20余项全国或全市首创性绿色金融产品和服务案例,形成了良好的示范带动效应。

第三,市场化多元化生态保护补偿试点持续开展,绿色生态产业发展壮大。天津积极探索市场化多元化生态补偿新方式新路径,形成生态与文旅、农业等深度融合的“生态+”产业模式。蓟州区打造精品旅游特色村10个,创建市级3A级以上乡村旅游点7个,打造精品民宿260余家,2023年接待游客2363万人次,实现旅游直接收入38.3亿元,综合收入191.5亿元,较历史最好时期增长49.6%。聚焦高端生态农业方向,认定“津农精品”农业品牌242个,“国内知名”品牌5个、“国际有名”品牌1个,建成国家农业产业强镇3个、国家“一村一品”示范镇村10个，2023年“农品进京”销售额突破12亿元，农业品牌矩阵日益完善。大力发展林业产业，现有经济林面积39.3万亩，产量27.7万吨，产值18.5亿元。截至2023年，发展种植、养殖、森林景观等林下经济45.98万亩，产值5.18亿元，全年休闲农业累计接待游客1700万人次，综合收入30.3亿元。同时，天津已经基本完成重点区域自然资源确权登记，以及海洋生态系统生态产品总值试算，完成中新天津生态城生态产品总值核算（约89亿元），并进一步在蓟州、宁河、津南等地部署核算试点工作，为市场化补偿走深走实和进一步推动生态产品价值实现打下坚实基础。

二　天津生态保护补偿的薄弱环节与关键问题

受限于法规政策系统性需提升、多跨协同的统筹协调机制未健全、补偿资金合力效应未形成、“造血型”市场机制偏薄弱等问题，天津在生态保护补偿制度建设中的经验优势发挥不充分，生态保护补偿制度改革红利尚未充分释放。

（一）生态保护补偿制度体系有待完善

天津生态保护补偿制度建设在顶层设计和政策协同、配套方面仍需进一步完善。第一，生态保护补偿法治化进程有待加快。天津基本建立了覆盖重要生态要素的生态保护补偿机制，并积极推动生态保护补偿立法工作。但是，对国家层面出台《生态保护补偿条例》的回应度仍显不足，相较浙江、江苏、广东、海南等省份，天津生态保护补偿法治化进程略显滞后，亟须加快推进立法工作，以法规形式固化、规范已有制度成果，明确补偿范围、补偿方式、资金筹集、资金使用、监督管理等内容，建立政府主导、社会参与、符合天津实际的生态保护补偿制度体系。第二，部分领域和区域生态补偿机制有待健全。补偿标准不高、范围较窄，如天津公益林补偿标准（20元/亩）低于南京（100元/亩）、广州（90元/亩）等城市，补偿区域占林地面积比重（9%）远低于广州等地（62.6%）；湿地保护补偿仅对湿地自然保护区核心区、缓冲区的集体流转土地实施补偿，与国家要求的逐步实现国家重要湿地补偿全覆盖仍有差距。补偿制度的系统性、整体性、综合性有待提高,缺少对海洋、耕地等领域生态保护补偿制度的系统设计,尚未形成统筹考虑生态保护红线、自然保护地及双城间绿色生态屏障区等生态功能重要区域的综合补偿制度。政策间衔接、协同、配套有待加强,占用补偿、损害赔偿与保护补偿协同性不足,有待进一步捋顺生态保护补偿制度与水土保持等相关税费政策的关系,生态保护补偿制度与自然资源资产产权制度、排污许可制度和融资管理制度有效衔接方式尚不明确。

(二)多跨协同的统筹协调机制尚不健全

跨区域、跨部门、跨主体组织落实生态保护补偿制度的统筹协调机制有待完善。第一,行政层面上地区间协调和部门间配合水平有待提升。海河流域生态保护补偿跨界协同性的立法需求,与专门性的海河流域法空白和跨区域法律保障体系的缺失之间存在供需矛盾,各地区有关水环境质量的地方性法规、规章和标准存在着诸多差异和冲突,这给深化海河流域生态保护补偿工作带来挑战,亟须建立一体化协作机制,加强地区间工作协同与交流合作,推动横向补偿制度创新和完善。天津市发展改革委牵头,会同市规划和自然资源局、市生态环境局、市水务局、市农业农村委、市合作交流办、市财政局等相关部门共同成立了天津市生态保护补偿机制协调小组,对于如何更加高效和充分利用这一协作平台,深入推动全市生态保护补偿机制建设工作,还需进一步研究探索。第二,社会层面上利益相关主体的多元协商机制尚未建立。生态保护补偿领域的信息公开与社会参与制度基础较为薄弱,政府主导、社会参与和市场调节高度结合的多主体协商机制尚未真正建立。生态保护补偿信息公开的内容和范围等不够明确,缺乏信息公开清单以及依申请公开向主动公开转化机制,加之生态保护补偿和生态产品价值实现尚未建立统一的信息平台,跨部门监管和信息共享机制尚不完善,相关信息散落于各部门网站,信息整合和数据呈现有待加强。社会层面介入补偿决策、社会监督、公益诉讼等常态化表达和参与机制尚未形成,参与补偿决策的流程设计、效果评估等方面有待提升,履行社会监督的权益保障、反馈机制和激励机制仍需完善,参与环境公益诉讼的听证协商机制有待健全。

（三）政策效益评估和资金绩效管理体系需优化

天津在生态保护补偿政策实施效果的监测与评估、资金的统筹与使用方面存在不足，补偿资金的合力效应发挥不充分。第一，生态保护补偿考核评估体系有待完善。客观评价生态保护补偿政策的实施效果是建立健全考核体系的基础，由于牵涉水权确权和降水、径流的不确定性，目前跨流域生态保护补偿协议中未设定水量考核指标，有待进一步探索优化。市域内地表水环境和空气质量排名奖惩补偿模式取得实效，但是，空气环境质量排名的准确性受季节和气象条件影响较大，各行政区的空气质量监测结果容易受到相邻行政区的影响，有待进一步加密监测点位并引入社会参与机制。为优化配置生态保护补偿的政策、资金等要素资源，还需全面排查并改进完善当前考核体系的短板与不足，力求整体、准确反映生态保护补偿对经济社会发展和生态环境效益提升的影响。第二，资金统筹及其使用监管仍显不足。生态保护补偿资金较为分散，财政转移支付资金涉及林草、湿地等重要生态环境要素和生态功能重要区域，由不同部门负责列支，在使用过程中容易产生交叉重复现象，并且财政纵向补偿资金、横向补偿资金和市场化补偿收益未形成协调使用机制，缺乏补偿资金的全面统筹和预算绩效管理制度，资金使用效率仍有提升空间。同时，生态保护补偿资金须切实发挥改善保护对象生态环境的作用，目前对生态保护补偿资金使用效益的考察和评估仍有待加强，亟待建立生态保护补偿绩效评价体系和监管审计制度，以便明确投入生态保护补偿资金的具体效益，确保补偿政策实施和资金使用的实效。

（四）市场化生态保护补偿机制有待深化拓展

囿于市场化运作基础薄弱、模式创新不足，天津生态保护补偿市场化机制发挥不充分。第一，规范运作市场化补偿机制的支撑性和保障性不足。自然资源确权、生态环境价值核算作为生态补偿市场化运作的基础，亟须加快工作步伐。天津于 2022 年正式启动自然资源统一确权登记工作，已建立的潮白新河（张贾庄—董塔庄）“户口本”，是全国首批、天津首条完成登簿的河流。但是,目前仍处于起步阶段,距离在全市范围内摸清自然资源“家底”,建立归属清晰、权责明确、保护严格、流转顺畅、监管有效的自然资源资产产权制度,还需开展大量工作。生态城探索出生态产品价值(GEP)核算路径,亟须形成可复制、可推广的核算模式,在全市范围内推广实施。同时,各领域GEP评估标准及补偿标准测算依据有待明确,GEP核算在生态补偿制度建设和推动生态产品价值实现方面的应用有待进一步深化。缺乏对生态补偿市场化运作的形式、资金流向、监督管理等的统一规范,亟待以法律的形式逐步规范、培育市场化补偿模式,以保障其健康运行。第二,推动市场化多元化生态保护补偿的招法不多。目前,生态补偿仍以政府财政补贴、行政管制等手段为主导,且相较于实物补偿、政策补偿和技术补偿,由中央和市级财政转移支付实现的资金补偿仍是最主要和常用的方式,市场补偿方式发展相对滞后,森林碳汇交易、排污权交易、水权交易等尚未有效启动,以绿色租赁为优势领域的绿色金融体系,在生态环境保护和生态产品价值实现方面发挥的金融资本撬动作用有待加强,社会资本主动参与生态保护和生态修复项目的积极性不高,生态产品和生态服务供给不足。总体来看,当前补偿方式较为单一,仍以“输血型”补偿为主,“造血型”补偿偏少。

三　完善天津生态保护补偿机制的对策建议

加快突破天津生态保护补偿在政策法规、组织实施、资金绩效和市场化拓展方面的局限性,推动生态保护补偿向纵深发展,需充分发挥综合法规引领、多领域政策协同与配套制度支撑的合力效应,建立健全地区间、部门间、主体间统筹协调机制,不断增强各项工作的系统性、整体性、协同性,同时,还需完善绩效考核和监督管理体系,利用市场手段实现“造血式”补偿,保障生态保护补偿机制的高质量落实和生态文明的可持续发展。

(一)构建生态保护补偿政策法规体系

生态保护补偿涉及多领域、多环节,要坚持系统观念,以《生态保护补偿条例》为纲领,充分结合地区实际和以往实践,搭建“四梁八柱”制度框架,发挥政策协同效应与配套支撑作用,为细化落实和探索创新生态补偿机制提供基础保障。

第一,强化顶层设计,建成“四梁八柱”。加快出台《天津市生态保护补偿办法》,统筹布局生态保护补偿核心领域,并配套形成更具操作性的实施细则,规范实施生态保护补偿的工作程序、技术要求和方法。其中,财政纵向补偿统筹实施分类补偿的森林、湿地、水流、海洋、渔业、耕地和实施综合补偿的生态功能重要区域,推进较为成熟的湿地和森林补偿扩围提标,适度整合耕地生态补偿类政策文件,研究将绿色生态屏障区和特色种质资源等纳入补偿范畴;地区间横向补偿整合市域内各区之间对水环境质量、空气环境质量和生态功能区的补偿,以及与外省市建立的引滦、引江跨流域补偿,细化市域内水环境和空气质量排名办法;市场机制补偿强调碳排放权、排污权等市场化交易和生态产业发展,探索制定用水权收储交易管理、林业和海洋碳汇开发及交易管理的规范性文件。

第二,加强政策协同,发挥合力效应。逐步将重点生态功能区、自然保护地、生态保护红线和绿色屏障区等纳入综合补偿范围,按照就高不重复原则,整合各类生态功能重要区域支持政策,核算综合补偿区域生态系统生产总值(GEP)并结合地区实际,合理确定综合补偿标准,推动分类补偿与综合补偿在补偿范围、补偿标准和资金使用等方面的衔接。建立占用补偿、损害赔偿、恢复性司法与保护补偿协同推进的生态环境保护机制,廓清生态保护补偿与生态损害赔偿等制度的适用边界,优化以补偿金额等值赔偿的对赌补偿模式,探索以生态损失为依据计算赔偿数额,并将生态损害赔偿资金及生态保护相关税费的使用管理与生态保护补偿工作建立靶向联系,协同深化正向激励性和反向追责性制度安排,加强与其他生态修复、开发管控政策的衔接,规范推进生态环境保护工作一体化高效实施。

第三,完善配套政策,创新补偿制度。建立健全支撑生态补偿制度有效实施的自然资源资产产权制度、排污许可制度和融资管理制度等,融入区域协调发展、乡村振兴等战略部署,完善相关财政、税费、金融、绿色产品、绿色采购、绿色消费、权益交易、产业开发等配套政策,结合地方排放权交易平台、生态文明建设示范区和“绿水青山就是金山银山”实践创新基地,研究建立生态补偿市场化机制与生态产品价值实现机制。完善生态质量数据监测和统计体系、生态服务价值核算方法与标准、生态补偿政策动态评估机制等,推进生态保护补偿信息公开与社会监督。创新资源开发补偿、污染物减排补偿、碳抵消补偿等制度,探索制定差异化补偿标准和增长制度,实施基于湿地保护率、森林蓄积量增长率等指标的竞争性、激励性补偿机制。

(二)健全多方利益主体统筹协调机制

生态保护补偿工作往往具有超越单一区域、单一部门的弥漫性特征,“内外上下”的统筹协调是多元利益主体有效推进生态补偿重点工作和解决关键问题的内在要求,需充分发挥多方合力,系统建立地区间、部门间、主体间的协作机制。

第一,建立高位统筹机制,完善地区间横向补偿。充分发挥中央政府和流域、区域管理机构牵头作用,推动利益相关省市共同搭建横向生态补偿管理平台,建立联席会议制度,协商解决地区间横向补偿的关键问题、推进有关重点工作,规范协商、议事、评议、确认等程序。围绕海河流域水生态保护、引调水工程水源地保护、区域大气环境治理、重要生态廊道建设等流域性和区域性工作,探索区域协同立法,推进地区间补偿体制机制创新,如参考“新安江”流域水环境横向补偿经验,推动构建“引滦入津”水量、水质一体化横向补偿机制,探索建立对口协作陕西省水源区的决策、执行、协调、考核体系,全面推进水源水质、科技创新、人才交流、经贸合作、项目绩效等多方面补偿目标的实现。

第二,建立联动工作体系,优化部门协作机制。地方政府健全工作机制,将生态保护补偿工作纳入国民经济和社会发展规划,组织和督促各部门开展相关工作,加强生态环境、发展改革、财政等行政主管部门与司法机关工作联动,抽调相关部门人员成立联动工作小组,形成联席会议、信息共享、联合督导等工作机制,系统建立生态保护补偿和生态损害赔偿相关部门联动工作体系。依托大数据技术和数字化集成平台,探索建立数字化生态补偿机制,围绕规划设计、标准制定、生态建设、保护修复、资金管理和实施过程监督等工作，推动有关部门共同探索合作模式、技术手段等，提高各部门的关联性和互通性，形成资源整合、信息联合和流程聚合的工作格局，提高生态保护补偿工作效率和成效。

第三，共建多元协商机制，形成多方共赢局面。充分发挥政府在生态保护补偿中的主导作用，强化政策规划引导、资源财政支持、监督考核管理、信息统计公开等职责，引导和推动各方参与生态保护补偿工作。构建生态资产管理、生态环境治理、生态产品经营开发、绿色低碳消费等社会生态信用系统及其数字化动态管理平台，加快形成绿色生产方式和生活方式，通过社会层面生态产品价值的充分实现，推动生态保护补偿机制市场化、多元化持续运作。同时，定期召开利益相关者座谈会、听证会，促进企业、居民代表、专家学者及非政府组织建立多元利益主体协商机制，形成政府主导、社会参与、市场调节相结合的多方共赢局面。

（三）完善绩效考核与监督管理链条

考核与监管决定着补偿工作的内容与质量，完善资金分配、使用管理、绩效评价、审计监督链条建设，优化目标体系、考核办法、奖惩机制、监管形式，构建高质量“标尺”是驱动和保障生态保护补偿工作落地见效的关键举措。

第一，明晰补偿目录清单，建立跟踪考核机制。探索实施目录清单管理制度，明确生态保护补偿涉及的范围、面积、资金科目、管理单位和责任人等信息，以及各区生态环境保护中的突出问题、关键领域和薄弱环节。建立生态保护补偿全周期动态跟踪机制，构建生态保护补偿统计监测网络，利用大数据、区块链、云计算等数字技术，及时监管生态保护补偿工作的进展与成效。构建生态保护补偿效益考核评估体系，建立以生态环境质量达标率及改善程度为核心，综合考虑资金绩效、经济增长与社会福祉等区域实际的指标体系，强化指标监测、数据统计、信息共享等相关支撑体系建设。同时，加强对非资金补偿决策、执行、协调、考核程序的监管，确保相关补偿方式的有效落实。

第二，整合多种渠道资金，实施预算绩效管理。建立资金统筹制度，优先整合中央和市级的各类生态补偿资金，组成“纵向转移支付生态补偿专项资金”并形成统计报表，进一步设立生态保护补偿资金池，明确整合转移支付、横向补偿和市场化补偿等渠道资金的依据与范围，以及地方财政专户、法院执行账户、政府统收统支等渠道生态环境修复资金，统筹有关部门生态保护与修复相关的各类专项资金、项目及政策。优化生态保护补偿资金使用管理、绩效评价、激励约束体系建设，根据生态保护补偿政策执行情况和资金落实进度，对评估优秀的区域实施排名分档奖励、先预拨后清算、提升区级统筹安排项目和资金的自主权等激励措施，以“花钱必问效、无效必问责”切实提升资金使用效率。

第三，全面加强监督管理，切实提升补偿实效。建立信息公开与评价、全过程社会监督、第三方监测评估等监督运行机制，畅通信息公开与互动沟通渠道，明确信息公开主体、途径和内容，包括生态保护补偿相关政策、补偿对象、补偿方案、资金使用、效果评估等，增加征求意见环节，逐步弥合城乡信息传递与公开机制建设差距，拓展社会监督的形式与作用，尝试结合公众举报情况，创新流域左右岸水环境质量和空气环境质量交互影响等实际问题的解决途径，提高责任划分的精确性和激励补偿的科学性。强化责任部门年度考核和审计部门审计监管机制，将生态补偿政策制定、措施落实、管理与评估等工作纳入责任部门年度考核内容，加强对生态保护补偿和生态损害赔偿资金使用的审计与监管，特别是规范大体量资金的流通和落实。

（四）拓展生态保护补偿市场化路径

生态产品价值实现是拓展“造血”式生态保护补偿途径的重要举措，关键在于依托自然生态资源资产，以市场化、金融化、产业化思维，构建资产交易、绿色金融和生态产业体系，推动“绿水青山”向“金山银山”转化。

第一，规范权属交易机制，完善市场化补偿。完善自然资源资产有偿使用制度，建立生态资产数据库与数字台账，摸清生态资产家底，发展“两山合作社”平台，采取租赁、托管、股权合作等方式收储、整合生态资源，创新生态资源经营权、管理权、使用权、收益权等的流转模式，推动生态环境价值评估、生态价值补偿和生态产品交易的数字化。清理、规范和整合当前各类生态资源产权交易市场，逐步扩展业务范围和种类，完善市场交易机制，探索支持重点行业大气污染物排污权交易和用水权、用能权交易机制建设的政策措施，深化碳排放权交易试点建设，扩展纳入碳排放配额管理企业范围，建立地票、资源票、碳票融合认证机制，推动生态资源一体化开发和跨地区交易，探索将其溢价收入按照一定比例纳入生态保护基金。

第二，健全绿色金融体系，推进持续性补偿。深化天津优势金融领域绿色融资租赁赋能生态保护补偿改革，依托东疆绿色租赁数字化综合应用平台“绿租云”和“绿色租赁生态港”，先行先试拓展节能环保、生态旅游等生态环境保护与生态产品价值实现领域业务。鼓励金融机构创设支持生态保护补偿的专属金融产品和服务，发展基于各类资源环境权益的融资工具，丰富抵押物的种类和形式，探索捆绑公益性生态项目和经营性开发项目的综合打包投融资模式，开发“生态资产权益抵押 + 项目贷”，创新生态资产权益和生态信用复合抵押信贷模式，强化生态信用正负面清单及信用评级在贷款额度、贷款利率和放款周期等政策中的应用，吸引符合准入条件的社会资本参与生态项目的规划、建设和运营，发挥金融资本和社会资本杠杆作用，助力生态产业孕育发展。

第三，发展生态产品产业，实现竞争力补偿。发挥滨海新区和远郊区生态资源禀赋先天优势，立足“山海经”和“土特产”，依托“津农精品”“中华老字号”“非遗”等知名品牌、企业和项目，以及湿地、绿色生态屏障、海岸线等生态资源，系统整合分散于全市 10 个涉农区的农产品和乡村旅游资源，适度发展亲水经济、森林康养、农事体验和研学教育等生态产业，推动生态农业、生态工业和生态旅游业等相关产业深度融合发展，壮大全品类生态产品市场，强化地区间利益关联和生态保护区域的自我发展能力。利用中心城区和环城区人口消费密集、投入产出效率高的比较优势，依托“口袋公园”等人造绿化空间和五大道等人文资源的调节和文化服务，赋能房地产开发、休闲娱乐、科普教育、体育健身等产业发展，拓展生态保护补偿的市场化路径。

本报告系天津市哲学社会科学规划 2022 年度项目“交互型跨界污染责任界定及治理补偿机制研究”（TJYJQN22 - 007）阶段性成果。

参考文献:

[1] 新华社:《京津水源上游流域生态补偿实现全覆盖》,中国政府网,2024 年 1 月 22 日,https://www.gov.cn/lianbo/difang/202401/content_6927506.htm。

[2] 陈璠:《484 个协作项目　带动投资 465 亿元》,《天津日报》2024 年 9 月 23 日,第 2 版。

[3] 苏晓梅、岳付玉:《我市 2024 年年度绿电交易成交电量 50.03 亿千瓦时》,《天津日报》2024 年 1 月 12 日,第 3 版。

[4] 岳付玉:《绿色金融助推绿色发展》,《天津日报》2024 年 9 月 23 日,第 1 版。

[5] 李京统:《专访天津市蓟州区区长张建宇:蓟州全力推进文旅产业迭代升级》,新京报网,2024 年 2 月 28 日,https://www.bjnews.com.cn/detail/170908260093177.html。

[6] 雷风雨:《为发展擦亮"绿水青山"底色》,《今晚报》2023 年 8 月 18 日,第 3 版。

[7] 史莺:《发展林下经济　实现"借绿生金"》,《今晚报》2024 年 1 月 28 日,第 2 版。

[8] 张桂贵:《文旅赋能乡村振兴　天津休闲农业年综合收入达 30 亿元》,人民网 - 天津频道,2023 年 09 月 02 日,http://tj.people.com.cn/n2/2023/0902/c375366-40555605.html。

天津碳普惠实践探索与创新发展报告

张康康　天津社会科学院生态文明研究所助理研究员

摘　要： 碳普惠机制作为推动绿色低碳全民行动的有力创新抓手、实现“双碳”目标的重要组成部分、数字碳中和的重要创新应用，对构建新发展格局、推动高质量发展具有重要意义。“十项行动”之“绿色低碳发展行动”为天津推动发展方式绿色转型，落实全面节约战略，发展绿色低碳产业，倡导绿色消费提出了明确、具体要求。为进一步推动天津碳普惠高效发展，助力建立制度健全、管理规范、运作良好的碳普惠机制和措施，要推进平台建设和数据共享，夯实碳普惠体系建设基础；发展碳普惠金融，释放绿色低碳发展潜力；创新碳减排量消纳和激励机制，推动碳普惠可持续发展；加强碳普惠宣传工作，提升公众参与积极性。

关键词： 碳普惠　绿色低碳发展　碳中和　绿色生活

碳普惠机制作为推动绿色低碳全民行动的有力创新抓手、实现“双碳”目标的重要组成部分、数字碳中和的重要创新应用，整合各方有效资源形成强大合力，从消费端精准带动公众广泛参加绿色低碳行动，推动绿色发展、促进绿色消费，实现多元参与、多方共赢、多重价值的运行模式。① 习近平总书记在2023年全国生态环境保护大会上强调：“加快形成绿色生产方式和生活方式，

---

① 黄秀蓉、粟静宜：《基于碳普惠探索的减碳权益属性研究》，《南京工业大学学报（社会科学版）》2023年第5期。

厚植高质量发展的绿色底色。”党的二十大报告提出,倡导绿色消费,推动形成绿色低碳的生产方式和生活方式。党的二十届三中全会进一步强调:“实施支持绿色低碳发展的财税、金融、投资、价格政策和标准体系,发展绿色低碳产业,健全绿色消费激励机制,促进绿色低碳循环发展经济体系建设。”推动绿色低碳发展,除了在工业层面提高资源能源利用效率,消费层面的绿色低碳转型也不容忽视。[①] 研究表明,消费端如工业过程、居民生活等的碳排放量已经占到碳排放总量的53%,亟须推动消费端碳减排工作。[②]

作为我国在实现“双碳”目标上探索出的特色制度,碳普惠通过对小微企业、社区家庭和个人的节能减碳行为进行具体量化并赋予一定价值,从而建立起以商业激励、政策鼓励和核证减排量交易相结合的正向引导机制,成为推动政府、企业和公众共同促进经济社会发展全面绿色转型的关键举措。[③]《中共中央 国务院关于全面推进美丽中国建设的意见》明确提出,探索建立碳普惠等公众参与机制。近年来,广东、浙江、上海、四川、山东等地区出台了碳普惠体系建设工作方案和规章制度,在新能源、公共交通、低碳消费等领域开展了碳普惠试点示范工作。2023 年 1 月,天津市出台碳普惠体系建设工作方案,形成了碳普惠体系的顶层设计框架,已取得初步成效。为进一步推动天津碳普惠体系建设,亟须紧紧抓住绿色低碳发展的重要机遇,扎实实施绿色低碳发展行动,积极推进碳普惠体系的建设,致力于将碳普惠打造成为美丽天津建设、培育形成绿色生产方式和生活方式的新特色。

一 天津碳普惠实践探索与创新发展现状

天津市以生态文明建设为引领,探索建立碳普惠机制,持续推动绿色低碳

---

① 卢乐书、姚昕言:《碳普惠制理论与制度框架研究》,《金融监管研究》2022 年第 9 期。

② 卢乐书、王翀:《以消费端绿色金融创新引导和鼓励绿色需求》,《光明日报》2022 年 4 月 26 日,第 11 版。

③ 寇江泽:《“个人碳账户”助推绿色新风尚》,《人民日报》2024 年 7 月 22 日,第 18 版;刘迪一、刘俊腾、张国兴,等:《个体激励型自愿减排机制能否提升地区碳排放绩效?》,《中国人口·资源与环境》2024 年第 6 期。

发展。通过加强顶层设计,明确绿色发展的战略方向,推进政府、企业和科研机构的协同合作,积极促进绿色技术创新和产业升级。同时,在此基础上,天津市大力倡导绿色低碳理念,积极引导市民和企业形成绿色低碳的生产方式和生活方式,共同助力实现碳中和目标,为建设生态文明和可持续发展城市奠定了坚实基础。

(一)碳普惠顶层设计引领作用凸显

碳普惠建设顶层设计基本形成。2021 年 9 月,发布《天津市碳达峰碳中和促进条例》,提出探索建立碳普惠机制,推动构建碳普惠服务平台,通过政策鼓励与市场激励,引导全社会绿色低碳生产、生活。2023 年 1 月,天津市生态环境局发布《天津市碳普惠体系建设方案》,以“低碳行动、普及全民、惠享权益”为核心,突出加强绿色低碳发展引领,从政策体系建设、管理团队创建、碳普惠平台搭建到突出特色任务,明确了碳普惠行动。2023 年 7 月,出台《滨海新区实施绿色低碳发展新模式试验区建设工程行动方案》,提出探索碳普惠激励机制建设和绿色港口碳普惠示范建设,并支持金融机构开发碳普惠金融产品和服务,创新企业碳账户、个人碳账户与金融对接机制。2024 年 7 月,天津市发布《关于全面推进美丽天津建设的实施意见》,进一步强调探索建立碳普惠工作机制,推动碳普惠应用实践。2024 年 8 月,天津市生态环境局发布《天津市碳普惠管理办法(试行)》,推进了天津市碳普惠体系建设和碳普惠项目生态产品价值实现。

碳普惠管理体系逐步规范化。为推进天津市碳普惠体系的建设和完善,天津市生态环境局于 2023 年 8 月制定《天津市碳普惠方法学技术评估指南(试行)》和《天津市生态环境局碳普惠专家库管理制度(试行)》,开展了碳普惠方法学建议的公开征集,并公示了 84 名入选天津市碳普惠专家库的专家,旨在加强碳普惠方法学的技术评估和专家管理工作,为碳普惠项目的减排量核算提供制度保障。2024 年 6 月,天津市发布《碳普惠项目减排量核算技术规范低碳出行》(DB12/T3043-2024),并于 2024 年 10 月 1 日起正式实施。该规范是我国首个针对区域性低碳出行碳普惠领域的减排量核算技术文件,将为京津冀地区相关方开展低碳出行碳普惠项目的减排量核算提供技术支持,增强公众参与绿色低碳出行活动的意识,促进京津冀三地交通领域的减污降碳协同增效。此外,为持续完善碳普惠方法学,天津市生态环境局于2024年9月再次发布了关于征集碳普惠方法学建议的通知,向社会各界公开征集碳普惠方法学的建议。

(二)碳普惠公众参与机制不断完善

公众衣食住行绿色账本逐步建立。2022年6月天津首个碳普惠小程序"津碳行"上线运行。该小程序鼓励市民通过步行、乘坐公交和地铁等绿色出行方式获取碳积分,这些积分将计入个人碳账户,可用于兑换纪念品或享受特定权益,旨在激励公众积极参与低碳行动。与此同时,"津碳旅"小程序进一步拓展了碳积分的获取渠道,该程序能够对公众在步行、电动汽车充电、公共交通出行等五个低碳生活场景中的减排量进行量化记录,形成个人"碳积分"账户。用户可以将积累的碳积分兑换为公共服务或商品优惠等权益,从而促进公众积极参与碳减排活动,支持天津市碳普惠体系的建设。截至2024年6月,"津碳旅"小程序已在宝坻区小辛码头村、武清区李大人庄、蓟州区盘山景区、滨海新区小王庄镇等多个地区成功推广,累计注册用户达3.7万人,入驻商户18家,上架商品42种,完成"碳积分"消费1200余次。这一系列数据表明,该平台在推动公众养成绿色低碳生活方式方面取得了显著成效。此外,"绿盟碳普惠平台"小程序的推出,旨在积极倡导绿色低碳生活方式,探索建立可量化、可记录、可核证的"绿色账本",以及"看得见、摸得着"的激励机制,形成"人人参与、人人受益"的碳普惠模式。该平台不仅充分调动了企业参与碳普惠合作的积极性,而且激发了公众自觉践行绿色低碳生活方式的活力,为天津市"十项行动"的全面实施提供了有力支撑。这些平台的成功运行,不仅有助于减少温室气体排放,而且为全国其他地区提供了可借鉴的经验和模式,对实现国家"双碳"目标具有重要意义。

碳普惠活动不断丰富。2023年5月,南开区召开试点推进碳普惠暨废旧物资回收项目推广会,聚焦废旧物资回收网络建设主题,开展"碳币兑换蔬菜、饮用水”等现场活动，旨在通过创新运用碳普惠模式，提高废旧物资回收项目的运营效率和社会影响力。该活动不仅为全区宣传推广了废旧物资回收的成功经验和做法，还为碳普惠模式在实际应用中的探索提供了重要参考。2023年6月，天津市举办环境日公益宣传活动，同步启动“碳普惠你我同行”等系列活动。在此过程中，表彰了天津市最美生态环境志愿者、天津市最美生态环境宣传员、天津市绿色发展领跑者企业等活动的获奖个人和企业。此举旨在激励更多社会力量参与生态环境保护，推动全市绿色发展迈上新台阶。进一步深化碳普惠工作的实践，2024年6月，天津成功举办首个“碳中和”大型活动，通过社会捐赠抵消碳排放，实现了活动的“零碳”目标，这一里程碑式的事件，不仅彰显了天津市在推进碳中和目标上的坚定决心，也为全国碳普惠工作的深入开展提供了宝贵经验。天津市通过一系列丰富多彩的碳普惠活动，积极探索低碳发展的新路径，取得了显著成效。这些实践不仅增强了公众的环保意识，还为实现碳中和目标奠定了坚实基础，对全国其他地区具有重要的借鉴意义。

二　天津碳普惠实践探索与创新发展的问题与挑战

尽管天津市在碳普惠工作方面取得了一定进展，如发布了碳普惠体系建设方案，启动了专家库和方法学征集等基础能力建设，但整体发展仍然滞后。目前，天津的碳普惠建设仍处于起步阶段，主要面临以下挑战：一是碳普惠平台建设不健全，缺乏系统性和完整性；二是激励机制不完善，难以有效调动各方积极性；三是公众参与度不高，碳普惠理念尚未深入人心。这些问题不仅制约了天津碳普惠体系的进一步发展，也影响了区域低碳转型的整体进程。因此，亟须完善平台建设，加强激励机制设计，提升公众参与度，以促进天津碳普惠工作的深入推进。

（一）碳普惠平台建设有待统筹

碳普惠亟须建立统一平台。天津现有的碳普惠应用，如“津碳行”“津碳旅”和“绿盟碳普惠平台”等,分散记录公众在衣食住行等方面的碳减排与环保行为,导致了一系列实际问题。第一,多个碳普惠平台并行运行使得公众在参与碳普惠行动时感到困惑与不便。用户需要在不同的平台上进行注册、登录和操作,这不仅增加了使用门槛,还对用户的持续参与产生负面影响。由于每个碳普惠平台的功能和设计有所不同,用户往往难以迅速掌握各自的操作流程,进而降低了他们参与碳普惠活动的意愿。第二,缺乏统一平台导致了数据管理上的问题。各碳普惠平台之间的“信息孤岛”现象显著,造成了数据的重复和信息的不一致。这不仅使管理方在收集和分析用户数据时面临困难,也可能影响政策制定与实施的效果。不同平台间的信息不对称使得管理者无法全面掌握碳减排的整体进展,进而难以制定有效的措施来推动碳普惠行动的深入开展。有效推动碳普惠行动,提升公众参与的积极性和便捷性,亟须将各类应用整合到一个系统中,构建统一的碳普惠平台。

碳普惠数据标准化需要加强。天津现行的“津碳行”“津碳旅”和“绿盟碳普惠平台”等碳普惠应用平台在功能和设计上各具特色,同时在目标用户、应用场景和激励机制等方面也存在差异,影响了各平台之间的数据标准和采集方法的统一性。第一,碳普惠相关数据来源广泛,涉及交通、能源、消费等多个领域,数据格式、单位和采集周期各异。目前缺乏统一的标准,使得这些数据难以有效整合和比较。此外,各地区和组织采取的碳普惠标准不一,缺乏统一规范,导致数据的兼容性和互通性较差,数据的有效分析和利用受到阻碍,从而影响政策决策的科学性和精准性。第二,碳普惠数据的可靠性和准确性问题亟须解决。由于没有统一的标准,一些数据可能因技术限制或人为因素而失真,不仅降低了减排措施的实际效果,还可能引发公众对碳普惠机制公信力的质疑。第三,数据标准化的缺失导致信息透明度不足,增加了管理和监督的难度。由此无法确保碳普惠项目在不同地区和层级间的透明度,使相关的激励措施不能够准确落实到各个参与者。

碳普惠数据管理与信息共享需要强化。碳普惠机制涉及多个部门和领域,包括环境保护、能源、交通等,目前各部门间的“信息孤岛”现象严重,导致数据难以高效流通和整合。不同部门对碳数据的定义、标准和收集方式各异,造成了数据不一致和质量参差不齐的问题。这不仅影响了政策的制定和实施效果,还削弱了对碳排放的监测和评估能力。现有的数据管理平台缺乏统一性与规范性。天津的碳数据管理系统尚未形成一个覆盖全面、结构清晰的数据库,数据更新不及时、共享机制不健全,使得各方在获取所需信息时面临障碍。此外,数据的可视化和分析工具不足,限制了决策者对碳排放趋势的科学判断和有效响应,进一步影响了公众参与和监督的积极性。

(二)碳普惠激励机制有待增强

公众参与激励机制不足。天津市在环保和可持续发展方面已采取了一些措施,但许多公众仍未感受到参与碳减排行为的直接经济利益。比如,虽然垃圾分类和使用公共交通对环境有积极影响,但缺乏即时的经济回馈机制,使得许多人在这方面的参与热情不高。尽管有一些表彰活动,如环保先锋和绿色家庭的评选,但这些举措的普及和影响力仍显不足,未能有效提升公众的参与意愿。很多市民在参与环保行动时,往往缺乏获得社会认可和荣誉感的机会,使得居民在追求短期利益的过程中选择了更为方便的生活方式,而忽视了长期的环境利益。

商业激励的产品和服务种类不够丰富。尽管一些企业和机构已在碳普惠平台上推出了绿色产品和服务,但整体种类依然有限,缺乏足够的多样性和创新性。这种情况在餐饮、购物和交通等日常消费领域尤为明显,消费者在实际消费过程中往往难以获得多样化的绿色选择,无法真正体验到低碳生活带来的好处。缺乏系统化和规范化的激励机制,导致市场上绿色产品和服务的标准不统一,影响了消费者的信任度。市场上不同企业提供的绿色产品和服务可能在碳排放量、环保效果等方面缺乏统一的标准和认证,消费者难以辨别其真实效果。

(三)碳普惠公众参与力度有待提高

公众对碳普惠的基本认知有待提高。虽然各区政府和组织在推广宣传方面投入了一定的精力,例如,南开区试点推进碳普惠暨废旧物资回收项目推广会、天津市“碳普惠你我同行”活动和天津首个“碳中和”大型活动等,但由于缺乏系统化和持续性的教育培训,很多人对碳普惠的概念和益处理解不深,甚至存在误解。有些人可能将其视为与自己生活无直接关联的宏观政策,未意识到其实施对自身日常生活的潜在影响和长远益处。

碳普惠宣传活动推广不足。碳普惠宣传活动的举办多集中于大型集会这样的形式,虽然在短时间内可以聚集大量人群并传递信息,但大型活动受限于场地、时间和形式,互动性较弱。虽然一些活动可能设置互动环节或展位,但由于参与人数众多,个别人员很难获得与专家或活动组织者一对一交流的机会。而缺乏个性化的互动体验往往让参与者在活动结束后很快失去兴趣,不利于碳普惠理念的深植人心和持久影响。

信息传播途径的单一化。当前的碳普惠活动宣传多依赖传统媒体平台,而在新媒体和社交平台上的传播力度不足,没能充分利用年轻人和都市人群习惯的获取信息渠道。同时,活动内容较为单调,互动性不强,不能有效激发公众参与的兴趣和热情。这导致很多可能愿意参与的公众因为不知情或信息过时而错失参与机会。

现有的激励机制对公众的吸引力有限。尽管碳普惠往往通过积分、优惠等形式鼓励公众参与低碳行为,但这些激励措施的奖励额度和兑换便利性不足,使得公众在衡量成本和收益时缺乏足够的动力。此外,部分激励措施出台后执行不力,或信息不对称,使公众未能切实享受到应有的奖励,挫伤了参与的积极性。

三　天津碳普惠实践探索与创新发展的对策建议

推动天津碳普惠机制的可持续发展,亟须着力推进平台建设和数据共享,夯实碳普惠体系建设基础;发展碳普惠金融,释放绿色低碳发展潜力;创新碳减排量消纳和激励机制,推动碳普惠可持续发展;加强碳普惠宣传工作,提升公众参与的积极性,解决碳普惠减排量核算方法缺失、金融产品类型少和社会公众参与度低等问题,为实现更高水平的绿色低碳目标奠定坚实基础。

（一）推进平台建设和数据共享，夯实碳普惠体系建设基础

碳普惠涉及生活、生产、生态等多维场景和居民、企业、政府等多元主体，建设碳普惠体系是一项系统工程，平台建设和数据互联共享是推进碳普惠体系建设的重要基础。第一，加快建设碳普惠综合服务平台。将碳足迹认证、碳账户管理、碳积分交易、碳抵消等主体功能纳入平台建设中，明确碳普惠场景界定、低碳行为标准、积分机制、奖惩制度等规则，形成统一化、标准化的平台架构。对接整合地方政府和金融机构开发的碳普惠相关小程序，逐步覆盖绿色出行、垃圾分类、废物回收、节水节能等低碳场景，形成数字化、智慧化的碳普惠生态圈。第二，构建碳普惠数据管理与信息共享系统。加强全场景、全渠道、全生命周期的数据信息安全管理，制定和推广适用于碳普惠数据信息安全的技术和管理标准，明确碳减排数据信息的收集、使用和共享要求，确保相关数据在存储、传输和处理过程中的安全可靠。在碳减排数据采集、统计、核算、管理等方面，形成规范统一、适用有效的标准化制度体系，逐步推动碳普惠服务平台与信息资源平台数据共享，与统计、税务、金融、科技等相关部门数据联通，与相关互联网企业建立数据互认、互通、互换机制，探索对低碳行为数据信息采集的合理授权，建立数据达标率考核和数据校核机制，确保碳减排数据准确可信。

（二）发展碳普惠金融，释放绿色低碳发展潜力

碳账户是对碳普惠参与主体碳减排情况进行采集、核算和评价的基本工具，碳信用评级是实现金融产品和服务供给的先决条件，以碳账户为载体、以碳信用为依据、以碳融资为目标的碳金融体系是碳普惠推进绿色低碳发展的关键支撑。第一，健全碳账户信用评估机制。统筹设立覆盖个人和家庭日常生活碳减排场景的个人碳账户、未纳入国家和地方碳市场的小微企业碳账户，以及用于碳汇资源统筹管理的政府碳账户。发挥金融机构在客户基础和支付业务方面的优势，推进对碳普惠参与主体绿色采购、供应和消费信息的采集，逐步纳入碳信用评价。根据企业碳排放量及碳减排贡献进行评级贴标，对行

业、规模类型构成复杂的小微企业实施分类管理。推动个人碳账户积分转化为个人碳信用,建立基于绿色支付的个人碳账户评级管理机制,为绿色优质客户提供差异化金融服务。第二,创新碳普惠金融产品,探索与碳账户信用等级挂钩机制,推动生产方式和生活方式绿色低碳转型。畅通碳金融支持绿色消费的渠道,加快建立碳标签、碳足迹认证制度,提高绿色消费识别效率与金融支持的可操作性,推动消费侧向绿色低碳生活转型。鼓励金融机构延伸碳普惠投融资业务链条,开设碳汇预期收益权抵(质)押贷款业务,推出可持续发展挂钩债券,开发碳汇保险、再保险业务,为绿色低碳创新型企业提供碳金融保障。同时,强化监管和评估机制,确保碳普惠金融产品的合规性和可持续性。

(三)创新碳减排量消纳和激励机制,推动碳普惠可持续发展

碳普惠通过多样化的激励方式和消纳渠道,实现公众碳减排量的价值转化,带动公众广泛参与绿色低碳行动,建立有效的碳减排量消纳和激励机制是促进碳普惠可持续发展的重要抓手。第一,丰富商业激励的产品和服务种类,建立碳普惠商业联盟,形成全景式覆盖公众低碳生活场景的碳普惠商业圈,提高公众参与碳普惠的积极性。第二,完善碳普惠发展激励政策,引导公众购买绿色低碳产品、响应消费品以旧换新号召、开展节水节能行动,鼓励小微企业节能降碳和碳普惠平台企业发展,细化财政补贴、税收优惠和贷款贴息政策。第三,建立健全市场化碳普惠减排量消纳机制,结合各地特色和优势生态资源,因地制宜构建资源流转、平台收储、集约经营、统一交易、收益反哺的碳普惠项目模式,形成从“碳库”到“钱库”的转化机制。鼓励金融机构开发碳积分兑现、抵现、转让、投资等功能,畅通个人碳减排量资产化运营路径。鼓励通过交易流动聚合形成一定规模碳减排量的主体,参与全国温室气体自愿减排交易市场等,多层次拓宽碳普惠减排量消纳渠道,联动碳普惠平台与碳交易市场,形成长效稳健碳普惠发展机制。

(四)加强碳普惠宣传工作,提升公众参与积极性

宣传工作是促进公众参与碳普惠、汇聚多元主体合力的重要手段,碳普惠

体系建设发展须将宣传工作贯穿始终。第一，制定并宣传绿色低碳生活实用行动指南，利用社区宣传栏、广告牌等讲清碳普惠参与途径、积分规则和惠益方式，在看得见、摸得着的实惠中引导公众广泛参与。第二，采用社区讲堂、公益讲座等形式，增强公众对碳足迹、气候变化和可持续发展的理解，培育生态文化，让绿色低碳生活方式成风化俗。进一步联动消费端和生产端，两头发力，动员组织广泛的社会力量，加快建成广覆盖、强渗透、高参与的碳普惠体系，促进生产生活方式绿色转型，赋能绿色低碳发展。

本文为天津市哲学社会科学规划研究项目 TJYJQN23－004 阶段性成果

案例篇

天津生态文明建设示范区建设实践研究报告

李红柳　天津生态环境科学研究院生态环境规划与政策研究中心高级工程师
尹立峰　天津生态环境科学研究院生态环境规划与政策研究中心高级工程师

摘　要： 本报告以获生态文明建设示范区称号的西青区、蓟州区、宝坻区、津南区、宁河区等作为典型案例，立足当地特色，总结凝练在推进生态文明建设过程中取得的成绩，指出天津生态文明建设示范区建设实践存在的问题，包括制度政策创新及示范推广机制、生态产品价值实现机制不健全，示范区创建及巩固提升难度加大等。并提出三条建议：一是将示范区建设作为美丽天津建设的重要行动，积极探索体制机制创新；二是将深入实施绿色低碳发展行动作为示范区建设的重要抓手，持续提升达标困难指标和短板指标，并建议选取有条件的中心城区，探索开展示范区创建工作；三是将健全生态产品价值实现机制作为示范区建设的重要举措，加速“两山”转化，促进生态资源增值变现。

关键词： 生态文明建设示范区　美丽天津　“两山”转化　绿色低碳发展

一　天津生态文明建设示范区实践探索

生态文明建设示范区(以下简称示范区)是全面统筹“五位一体”总体布局,贯彻落实习近平生态文明思想、推进生态文明建设的重要载体和实践平台,是落实党中央深入打好污染防治攻坚战、建设美丽中国、推进人与自然和谐共生现代化决策部署的重要举措,对示范引领全国各地开展生态文明建设、建设美丽中国具有重要的意义。多年来,天津全面贯彻落实习近平生态文明思想,践行“绿水青山就是金山银山”理念,推进美丽天津建设,西青区、蓟州区、宝坻区、津南区、宁河区被命名为示范区,这些命名地区在改善区域生态环境质量、推动生态产品价值实现、提升生态文明建设水平等方面走在前列,是多层次展示美丽天津建设成果的窗口,为天津生态优先、绿色发展树立了典型示范,为美丽中国建设提供了“天津方案”。

(一)西青区争当生态文明先锋典范,打造人与自然和谐共生的美丽城市

西青区是天津首个被生态环境部命名的示范区,也是全国第三批获此殊荣的地区,在生态文明建设上走在了全市的前列。

1. 转变发展方式,建设生态经济之区

产业结构更优。依托国家及市级工业园区,重点发展电子信息、汽车制造、新能源新材料和生物制药产业,积极培育发展科技型企业,截至 2023 年,高新技术企业达 890 家,天津“雏鹰”“瞪羚”和科技领军(培育)企业 160 余家;生态文旅产业发展迅速,打造 14 个露营营地,推出 5 条精品旅游线路和 2 条春节特定精品线路,发布一批西青精品旅游攻略。瓷艺园、光大环保生态园西青旅游基地成功创建国家 3A 级旅游景区。

“两山”建设成效更显著。王稳庄镇以绿色生态屏障建设为契机,以“小钉子”产业转型升级为重点,以万亩稻田为亮点,开发了“西西海”湿地、稻香农谷、巨幅稻田画等景点,打造集特色农业、农村旅游、稻田文化于一体的生态

农旅品牌，实现了从“钉子小镇”到“绿色小镇”的华丽蜕变，成为以工业为主导、水乡为特色、生态为亮点的乡村振兴样板。辛口镇第六埠村打造“三河汇景”生态旅游区，围绕生态观光游、水上观光游、亲子体验游和休闲度假游打造四条游览线路，截至 2023 年，生态六埠景区共接待游客 10 万人次，累计接待团队 2230 多个，为村集体增收 200 万元，全面促进乡村特色产业高质量发展。

2. 加大生态环境保护，建设生态安全之区

持续实施清新空气行动，推动能源结构绿色低碳转型，全区除杨柳青热电和华苑供热外，实现燃煤锅炉清零。推动全区重点工业企业及混凝土搅拌站安装货车门禁系统，实现对柴油货车等大宗物料运输车辆的智慧防控。深入推进工业领域污染防治，68 家涉挥发性有机物（VOCs）企业完成综合治理改造，187 台燃气锅炉全部完成低氮改造。全面实施水体达标方案，完成 25 条二级以上河道及 1 个重要湖库的 338 个入河排污口治理任务。实施独流减河沿线退渔还湿工程，清退水产养殖 1.24 万亩。利用外调水、污水处理厂达标出水补充子牙河、陈台子排水河、赤龙南河等河流，提升水生态环境质量。强化饮用水安全保障，集中式饮用水水源水质达标率保持 100%。加强土壤污染防治，受污染耕地安全利用率达到 93% 以上，重点建设用地安全利用率达到 100%。

3. 统筹城乡发展，建设生态宜居之区

深入实施城乡环境综合治理，完成“拆违治乱保安全美化环境促发展”三年专项行动，累计拆除各类违法建设 930 余万平方米。持续改善人居环境，完成老旧小区及远年住房改造 59.22 万平方米、农村困难群众危改 195 户，新建及提升改造农村公厕 365 座、户厕 8289 座。王稳庄镇示范小城镇、张家窝镇示范小城镇一二期建设全面完成，中北镇、杨柳青镇特色小镇创建初显成效。优化公交线网与轨道网结合，区域范围内公交线路共 100 条，营运公交 1096 辆，打通了王稳庄—杨柳青直达公交 763 路，惠及 6 个街镇。2023 年，绿色出行比例达 72.1%。

4. 传播生态文化，建设生态意识文明体系

全面推行生态文明教育。2018 年以来，西青区把习近平生态文明思想纳

入干部教育体系,全面推进习近平生态文明思想进课堂、进头脑。多次开展“生态文明大讲堂”进学校、进社区、进企业、进农村活动。深入开展生态文明宣传。完成习近平生态文明思想宣讲30余次、示范区及“两山”实践基地实践典型案例宣讲10次,利用“世界地球日”等节日实施宣传实践活动70余场,创作天津快板《乡村新貌》等作品。组织10余家重点文旅企业、非遗项目参与第十三届中国旅游产业博览会,发布绿色自然生态实践等研学主题研学产品,拓展研学市场,传播普及生态文化知识。

(二)蓟州区打“山水牌”、吃“绿色饭”,将生态优势转化为发展优势

蓟州区作为京津“后花园”,自然资源丰富,是天津首个“两山”基地,也是全国第四批示范区。近些年,蓟州区成功闯出了一条以生态赋能产业高质量发展的新路子。

1. 生态保护修复建设成效显著,绿水青山底色更浓

近年来,蓟州区不断加大生态保护修复力度,持续开展州河国家湿地公园、天津于桥水库生态保护工程、京津风沙源治理二期工程、中上元古界国家级自然保护区建设及保护等工程,生态环境质量逐年改善,森林覆盖率达31.28%,是天津平均水平的2.4倍,高于全国平均水平约7个百分点;优良天数比例由2015年的60.3%提升至2023年的72.9%,空气质量指数连续5年稳居天津第一;8个地表水断面均达到Ⅲ类及以上水质,优良水体比例达到100%;重点建设用地安全利用率达到100%,受污染耕地安全利用率达到100%。2023年,在全国800多个重点生态功能区县域生态环境质量监测与评价工作中,蓟州区综合考核结果为“一般变好”,连续7年位居全国前列,整体生态环境质量情况持续向好。“天然氧吧”荣誉称号已然成为蓟州区发展生态旅游的亮丽名片。

2. “两山”转化路径不断拓宽,生态产业发展更好

生态农业发展迅速。蓟州区大力发展蓝莓、食用菌、特色果品等产业,建成出头岭“双河湾”食用菌产业园、马伸桥镇草莓产业园、马伸桥蓝莓产业园、下营农业产业园、渔阳镇番美丽农场等一批绿色农业产业基地,创建国家地理

标志产品 6 个、绿色标志产品 35 个,国内知名农产品品牌 2 个、全国名特优新农产品 2 个、"津农精品"品牌 25 个,特色农产品优势区 5 个。此外,以农业带动村民就业增收成效显著,以马伸桥镇为例,马伸桥镇建成占地 5000 余亩的蓝莓园区,先后引进龙头企业 2 家,成立专业合作社 1 家,带动周边农户成立家庭农场 54 家,蓝莓种植户 150 家,联农带农 1744 户,形成了"龙头企业 + 合作社 + 家庭农场 + 农户"的经营发展模式,并建立了"蓟之蓝"蓝莓采摘观光园,仅此一项种植户年可增收 10 万元以上。园区 54 家家庭农场及 150 家种植户全部开展旅游观光、休闲采摘业务,连带开发了乡村主题民宿、科普研学、农耕体验等新业态,带火了蓟州东部库区生态游精品线路,每年蓝莓生长季,可吸引各地游客 2 万多人,综合收入达 5000 多万元。2023 年,农村常住居民人均可支配收入达到 29224 元,增速 6.4%。

生态旅游发展势头强劲。蓟州区依托独特的山水资源及文化资源优势,大力发展高端民宿和体旅融合、农旅融合、文旅融合、商旅融合、学旅融合等"旅游 +"产业,完善七大系列 35 条精品旅游路线,打造一批"网红"打卡地和高品质团建基地,春山里成功创建市级旅游休闲街区,成为天津研学旅游基地。2023 年旅游业直接收入达到 38.3 亿元,综合收入达到 191.5 亿元。全区旅游业辐射到 17 个乡镇、旅游特色村达到 120 个,农家院(民宿)已达 2430 户,直接从业人员 1.2 万人,带动农民就业 6 万人,受益人口达 18 万人。

(三)宝坻区做足"潮文章",建设人水和谐的"北国江南"

宝坻区是全国第五批示范区。近些年,宝坻区围绕潮白河"一河两岸"做足文章,绘就出一幅幅潮白新河流域生态富民、生态惠民、人水和谐的美丽画卷。

1. 实施保护修复,厚植绿水青山

先后实施潮白新河清淤改造、综合治理等工程,推行河湖长制,启动碧水保卫战,建设国家湿地公园,通过退耕还湿、水系连通、造林绿化等一系列措施,有效改善了潮白新河水质,恢复两岸生态,潮白新河国考断面水质由 2016 年的劣Ⅴ类提升至 2023 年的Ⅳ类。同时,依托潮白新河绿色生态廊道,精心打造潮白新河国家级湿地公园，以“湿地体验、滨水游憩、空中游景”为特色，形成“一河、两岸、三区、二十八景”，充分展示宝坻区生态环境、历史底蕴和城市魅力。3000余亩的湿地生态资源孕育出极其丰富的生物资源，为鸟类提供了良好的栖息、繁衍条件，几乎绝迹的潮白河银鱼、鲫鱼等“土著鱼类”也得到恢复性繁殖。2020年宝坻潮白新河获评天津“最美河湖”，如今的潮白新河是“河畅水清、鱼翔浅底、水草丰美、万鸟翔集”的生态家园，已成为连接京津冀都市群的重要生态廊道，两岸群众的生态环境获得感、幸福感、安全感显著提升。

2. 依托“大水大绿”，赋能生态产业

实现生态赋能农业发展。依托潮白新河“大水大绿”的生态资源优势，流域沿线各街镇通过打造传统农业特色产业链，推进立体种养与乡村旅游深度融合，发展“生态农业+”等方式，助力“两山”转化，形成了流域共建的潮白新河“农旅赋能，增绿唤金”模式。宝坻区小站稻种植面积达45万亩，稻米品质媲美五常大米，在发展稻蟹、稻虾、稻鳅等立体养殖26.4万余亩的同时，稻谷产量大幅提升7.6%达到28.83万吨，实现“稳粮增效、稻渔双赢”。围绕宝坻特色经济作物葱、蒜、辣椒“三辣”，优化产业布局、加强流域上下游联动，全面激发“三辣”产业发展动力，实现大葱种植面积由300亩发展到4000余亩、年产量达1.6万吨的跃升；亩播蒜苗数量由2.2万株提升至2.7万株，亩收益增加至4000元；“麦辣套种”模式，实现“一地两产”高收益，亩均收益达到6000元，辣椒收成提高二成，为促进群众增收致富开创了新渠道。

实现生态农文旅体商等融合发展。围绕“水”和“绿”以及水乡文化，发展乡村旅游，带动农副产品销售，打造潮白新河流域旅游产业经济带，沿流域两岸打造了24个休闲旅游特色村，年吸引游客400万人次，成为“全国休闲农业和乡村旅游示范区”。依托潮白河湿地公园和沿岸浓郁的水乡风情，举办潮白河音乐节、京津冀森林马拉松赛、国潮文化嘉年华等活动，旅游直接收入8000万元，一产、三产有机结合，进一步辐射带动周边村镇共同发展，农文旅体商综合收入超4.8亿元，真正实现生态美、产业兴、百姓富的有机融合。

3. 保护和挖掘特色文化，塑造“印象潮白”

深入挖掘“文宝坻”特色，以潮白新河为纽带，全面整合流域内生态、文化资源,积极塑造“印象潮白”品牌,保护传承“了凡”文化、渔耕文化、曲艺文化等宝坻区特色生态文明文化,与绿水青山生态本底有机结合,实现旅游与生态文化的良性互动发展,成为以文带旅、以旅兴文的生态文明建设发展模板。

(四)津南区锚定“绿屏”主战场,走绿色低碳发展之路

津南区是全国第六批示范区。近些年,津南区以绿色生态屏障建设为“主战场”,绿色低碳发展成效显著。

1. 高标准建设绿色生态屏障区,打造生态文明绿色门户

绿色生态屏障是天津“871”重大生态工程的关键组成元素,津南区作为“主战场”,高标准推进绿色生态屏障建设,屏障区占辖区面积的 85%。自 2018 年绿色生态屏障区建设以来,津南区按照宜林则林、宜田则田、宜水则水的原则,高质量完成造林绿化、水系连通与治理、农村人居环境整治、生态路网建设、旅游发展、环境基础设施建设、污染治理等“十大重点工程”,截至 2023 年 12 月,累计栽植乔灌木 312 万余株、地被 70 余万平方米,新增植树造林 6.4 万亩,先后建成了绿屏·八里湾、绿屏·辛庄湾、绿屏·咸水沽湾等重要生态节点,一级管控区森林覆盖率达到 26%,蓝绿空间占比超过 65%。人与自然和谐共生的大美津南初步建成。2023 年,绿屏建成区共接待游客近 4 万人次。

2. 高强度污染防治攻坚,环境质量持续改善

坚持煤、工业、车、尘、新建项目污染“五控”治气。津南区内 35 蒸吨/时以下燃煤锅炉全部淘汰,2.9 万户完成“煤改清洁能源”,2299 家“散乱污”企业完成治理,撤销取缔工业园区 20 个,淘汰 976 辆“国三”及以下重型车辆,落实施工工地“六个百分之百”扬尘管控措施,空气质量持续改善,$PM_{2.5}$平均浓度由 2020 年的 49 微克/立方米降至 2023 年的 42 微克/立方米。河湖水域全面“挂长”,劣Ⅴ类水体全部“清零”。完成农用地详查及耕地土壤环境质量类别划定,严格落实建设用地土壤污染风险管控和修复名录制度,实现土壤不安全不利用。

3. 高品质打造“双碳”工作先行示范区,带动生态产业发展

成立“双碳”工作领导小组,在全市率先建成区级双碳创新发展促进中心。

加快能源、产业、建筑、交通、生活等绿色低碳转型。成功入选国家整区屋顶分布式光伏项目试点区县。荣程钢铁集团作为区域重点用能企业,通过建设5G智能工厂、推进水面和屋顶光伏、提升“公转铁”运输比例等措施,走在钢铁企业绿色低碳转型前列。国家会展中心(天津)一期、二期项目先后完工,成为绿色低碳建筑的标杆。成功搭建荣程集团氢能运输场景,累计投入200余辆氢能重卡。八里台镇西小站村、小站镇东西庄房村、双新街昆香苑社区成为低碳示范典型基层单位。充分发挥生态、科教、会展“三张好牌”的独特优势,带动农商文旅产业持续发展,形成了绿色生态屏障区、小站练兵园、海河故道公园、佳沃世界度假区等旅游观光区以及迎新合作社、前进村、西小站村等多个乡村特色旅游村,海河教育园区内打造了天津首家集生态、科技、活力于一体的集装箱特色街区“绿动BOX”。以国家会展中心(天津)为龙头,围绕“会、展、商、演、赛”引进了丰富多样的展会活动,并在场馆打造津南区非遗文化长廊,深入挖掘区域传统文化资源,展示特色传统文化及产品。2024年国庆节期间,津南区主要农、商、文、旅融合项目累计接待游客178.93万人次,同比增长22.77%;带动消费23937.39万元,同比增长30.83%。

(五)宁河区坚持“生态立区”,以高品质生态环境支撑高质量发展

宁河区是全国第七批示范区。近些年,宁河区坚持“生态立区”,坚持学好用好“两山论”,走深走实“两化路”,生态文明建设水平迈上新台阶。

1. 加大七里海湿地生态保护修复力度,生态系统多样性、稳定性、持续性持续提升

高标准实施七里海湿地生态保护修复工程。自2017年以来,投资140多亿元,以前所未有的力度实施历史遗留问题清理、土地流转、生态移民、引水调蓄、苇海修复、鸟类保护、生物链恢复与构建等生态保护与修复工程。发布实施全国首个湿地生态监测指标体系。七里海湿地被评为生态环境保护与生态修复典型案例。2023年湿地率增加至84%,植被覆盖度较2017年提高6.32%,鸟类从10年前的182种增加到258种,数量由20万—30万只增加到40万—50万只。

2. 深入污染防治攻坚,环境质量位居全市前列

蓝天保卫战成效显著。着力推进产业、能源和交通运输结构优化等“治本”措施,深化工业源、移动源、扬尘焚烧面源等污染治理,2023 年优良天数比例为 64.4% ,$PM_{2.5}$浓度为 38 微克/立方米,大气环境质量综合指数连续两年排名全市前三,尤其是 $PM_{2.5}$年平均浓度较 2020 年下降 28.3% ,连续两年排名全市第二。

水环境质量稳居全市前列。积极推进碧水保卫战,近两年考核断面 100% 达标,部分断面提升至 III 类水标准,全面消除劣 V 类水体,黑臭水体实现动态清零。

此外,净土保卫战持续用力,重点建设用地安全利用率达到 100% ,危险废物规范化管理工作连续两年获得全市考核最高的“A”等次。

3. 走深走实“两化路”,生态价值实现有效转化

生态产品价值实现机制逐步健全。创新应用 EOD 模式、提速实施七里海“两山”理论实践创新基地示范项目,推出全国北方首单“绿色生态保险”。完成生态产品价值初步核算,其中七里海生态产品价值总值约 151 亿元。“津沽七里海”品牌销售收入突破 3 亿元,淡水水产品产量领跑全市。持续深化“米上牌、蟹上环、猪上市、果上贴”高质单品战略,推出了代表“宁河味道”的“三红、两紫、一青、四白、五黑”产品体系。“津沽七里海”品牌成功打入北京市场,销售收入突破 3 亿元。红瑶红荣获全国甘薯大赛一等奖,正在引育国家级红瑶甘薯研发中心,逐步形成“宁河研发销售、全国统一种植”的发展模式。建成国家级隔离试种苗圃、水产健康养殖和生态养殖示范区。建成全市首个国家现代农业产业园。建立苏宁、淘宝宁河特色馆,举办七里海电商推介会,打造宁河名特优产品品牌。实施七里海湿地 3.2 万亩芦苇轮割,获得收益近百万元。成功出让 1.7 万亩林地资源经营权,实现收入 11.6 亿元。成功举办“中国 · 七里海”生态产业发展论坛暨发布《天津七里海志》、七里海特色文创产品、启动七里海湿地志愿科考研学活动以及七里海生态间捕慈善竞价拍卖会。

打造“生态 + 旅游”“生态 + 体育”“生态 + 消费”等产业链和“稻香观光游”“民俗文化游”等精品旅游线路。贝贝生态农场、乡野主题公园等 20 余处

点位投入运营，宁河稻香3D稻田画获得吉尼斯世界纪录认证，2023年全年累计接待各地游客200余万人次、综合收入4.2亿元，文旅产业增加值占地区生产总值比重突破2%，成功创建全国休闲农业重点县。其中，贝贝生态农场、七星岛湿地风景区等项目，利用闲置坑塘林地，按照4A级景区标准打造了生态体验项目，让游客近距离感受湿地原生态美景的同时，更好地拉动消费、促进发展，累计实现收入近3000万元。赛事经济从无到有，仅2024年就策划了“七里海文化体育节”系列活动超百场，举办了自行车生态巡回赛、国际轮滑公开赛、德云社专场演出等文体赛事，同步赋能农产品、文创产品展销等业态，拉动消费6000余万元。

二　问题与挑战

（一）示范区体制机制创新示范推广有待加强

根据《生态文明建设示范区管理规程》，已创成的地区面临着每五年生态环境部的复核验收。无论是创建还是命名后巩固提升，均需要大量、长期的投入。从目前了解来看，创建工作主要来源于政府投入，国家及市级层面缺少资金支持政策，天津对创建及已命名地区也缺少一些政策倾斜、资金奖励等。绿色金融等手段在示范区发挥作用不强，带动或引领全市生态文明建设的改革创新举措不多。此外，示范区建设宣传推广力度不够。

（二）示范区创建及巩固提升难度持续加大

天津污染减排空间不断收缩，环境质量持续改善压力加大，生态环境稳中向好的基础还不稳固，结构性污染问题仍未有效缓解，2030年前实现碳达峰碳中和目标也面临严峻挑战。未来，环境质量及资源能源集约节约利用、碳排放强度等指标仍将是示范区创建及巩固提升的短板及主要制约因素。中心城区在示范区创建方面尚处空白，中心城区作为资源禀赋不高的地区，创建难度较大。

(三)生态产品价值实现机制有待健全

对照全国“两山”转化模式及典型案例,天津以生态农业、生态旅游等为主,文化和旅游资源挖掘不够,生态产品趋于同质化,“两山”转化模式较为单一。在生态农业发展上仍以种植、养殖和初加工产品为主,产业链条短,品牌附加值低;在生态旅游业发展上以休闲农业、农家院等模式为主,旅游产品大多呈点状分布;在整体生态产业发展上,缺乏具有影响力的龙头企业、品牌企业,导致很难实现产品溢价。天津生态资源的底数、权属、价值不清,尚未开展生态产品价值核算,在自然资源收储、整合、定价、交易等环节及生态产品市场交易平台搭建运维等方面,缺少运营主体,生态资源增值变现的市场化机制尚未建立。

三　对策与建议

(一)将示范区建设作为美丽天津建设的重要行动,积极探索体制机制创新,引领带动全域美丽建设

将示范区建设作为美丽天津建设的重要载体,健全示范创建激励机制,借鉴四川等地先进做法,对创建及已命名地示范区给予一定政策倾斜、项目倾斜、资金奖励等,调动各地积极性。率先在示范区开展绿色金融整体性创新实践,以金融创新助推示范区整体提升。实施区、镇(街道)、村、园区等多层级示范建设,建立梯次化、层级化、多元化的示范建设推动体系,形成由少到多,以点带面的美丽天津建设新格局。此外,建议以提升天津生态文明建设水平、讲好美丽中国天津故事、向全国乃至全世界展示生态文明建设天津方案为目标,全方位宣传和展示天津示范区建设成功经验、有效模式、可行路径等习近平生态文明思想的实践成果,为建设美丽天津积累经验、筑牢基础,为天津其他地区、京津冀乃至全国提供可推广、可复制的好经验和好做法。

（二）将深入实施绿色低碳发展行动作为示范区建设的重要抓手，破解资源环境难题，协同推进经济社会高质量发展

立足天津实际，以美丽天津建设目标指标为牵引，全面落实《关于全面推进美丽天津建设的实施意见》，深入开展污染治理，深入实施绿色低碳发展行动，持续调整产业、能源、交通等结构，积极稳妥推进碳达峰碳中和，实现大气和水环境质量持续改善、用能用水用地等资源利用强度及碳排放强度持续下降。选取有条件的中心城区，对标示范区创建要求，补短板、强弱项，精准发力，探索开展示范区创建工作，力争尽早达到创建要求。

（三）将健全生态产品价值实现机制作为示范区建设的重要举措，持续探索“两山”转化路径，将绿水青山源源不断转化为金山银山

依托区域自然资源、自然景观或良好的生态环境、历史文化等资源，结合区域特点和发展定位，在发展生态农业、生态旅游业的同时，深入挖掘历史文化和旅游资源，开拓农文旅康养等融合发展新模式。根据各地资源禀赋、特色、区位特点及发展现状，实施“一村一策”，最大限度避免区域生态旅游产品同质化现象。充分挖掘生态资源优势，策划实施一批独具特色的生态旅游线路和产品，推动跨区域联动、资源共享、优势互补，重点将农村特色旅游资源串点成线，打造多条旅游精品路线。积极培育龙头企业、引进品牌企业，大力发展农产品初加工、深加工、综合利用加工，构建全产业链条，不断提升品牌影响力、农产品附加值。开展生态资源性资产的调查、确权及生态产品价值核算，建立生态产品价值实现的市场化运作机制，积极引导有能力的企业作为运营主体建设生态产品交易市场，负责自然资源收储、整合、产品化包装、招商引资等，促进生态资源增值变现。

参考文献:

[1]《“两山”转化丨碧波绿廊入画来(宝坻)》,天津生态环境,2024 年 3 月 28 日。

[2]《锚定绿屏“主战场” 共绘生态新图景 津南区全力实施绿色低碳发展行动》,天津政务网,2024 年 1 月 15 日,https://www.tjjn.gov.cn/xwzx/bqdt/202401/t20240115_6508165.html。

[3]《跟着津南融媒去“旅行” 丨津南区以业态融合“焕新”文旅市场格局》,网信津南,2024 年 10 月 13 日,https://www.163.com/dy/article/JED86PJR0514W7VL.html。

[4] 朱波:《天津宁河区以新质生产力引领区域经济高质量发展抓实“三量”项目,全力打造转型升级示范区、产业发展协同区、生态涵养功能区》,《中国改革报》2024 年 7 月 7 日,第 4 版。

[5] 张强:《天津宁河七里海半马欢乐开跑 8000 名跑者欢度中秋佳节》,央广网,2024 年 9 月 16 日,https://www.163.com/dy/article/JC7G6H2S0514R9NP.html。

[6]《生物多样性保护和可持续利用实践丨宁河区七里海湿地 推进保护修复工程》,天津生态环境,2024 年 5 月 25 日。

生态城国家绿色发展示范区建设成效与经验

徐　鹤　刘　鹤　田　冼　廖　倩[①]

摘　要： 自从中新天津生态城获批全国首个国家绿色发展示范区以来，始终致力于建设成为以绿色低碳高质量发展为主线、以高附加值细分产业为重点、以国际一流营商环境为特征的国家绿色发展示范区，在规划引领和政策保障、提升城市宜居水平、发展低碳产业、加强科技创新以及深化国际合作等方面都取得明显成效。经过多年发展，中新天津生态城不断累积在绿色发展方面的成功经验，坚持指标引领、规划控制的管理思路，坚持生态优先、以人为本的城市建设路径，坚持以绿色产业促进高质量发展，以科技创新提升核心竞争力的发展战略，坚持实施互利共赢的开放战略，力争为解决资源环境问题提供中国方案。未来中新天津生态城将进一步拓展绿色发展的内涵，加快培育低碳产业，完善绿色金融体系，持续深化中外合作，推动绿色发展理念融入生态城经济社会发展各领域全过程。

关键词： 绿色发展　规划体系　低碳产业　科技创新　合作共赢

一　生态城国家绿色发展示范区建设成效

中新天津生态城（简称“生态城”）是中国和新加坡两国政府间重大合作

---

① 徐鹤，南开大学生态文明研究院、环境科学与工程学院教授；刘鹤、廖倩，南开大学生态文明研究院、环境科学与工程学院研究生；田冼，中新天津生态城生态环境局。

项目,是世界上首个国家间合作开发的生态城市,也是我国成立最早、级别最高、领域综合、成效显著的绿色生态城市,旨在应对全球气候变化、加强环境保护、节约资源能源,为资源节约型、环境友好型社会建设提供示范。近年来,生态城全力推动国家绿色发展示范区建设取得丰硕成果,初步探索出一条中国特色的现代化城市高质量、绿色化发展的道路。

(一)统筹规划体制不断完善

生态城始终坚持规划引领,统筹推进绿色低碳发展,严格落实"绿色发展体制机制创新区"的战略定位,目前绿色发展的规划体制机制已逐渐完善。

突出指标引领规划先行。2008 年,按照示范性和可达性要求,中新两国共同编制了世界上第一套生态城市指标体系,涵盖了经济社会发展、资源能源节约利用、生态环境、绿色生活方式等多个方面,率先用定量的方法明确了生态城市的基本内涵和发展目标,为生态的城规划建设提供了依据。2020 年,生态城编制了指标体系 2.0 升级版,明确了责任清单、任务清单、项目清单,形成了"一体推进、分步实施"的路径,成为推进高质量发展、提升城市品质和人居环境质量的重要依据。其中,多项指标达到甚至超过国际水平,如非传统水资源利用率指标达到 60%,单位 GDP 碳排放强度实现 100 吨 CO_2/百万美元,步行 5 分钟可达公园绿地居住区比例 100%。该方案获住建部正式批复并被评价为:"推进高质量发展、提升城市品质和人居环境质量的重要依据。"

总体规划高效指导城市建设。生态城重视总体规划的编制,科学编制土地开发计划及静态交通、水系统等专项规划。通过科学的统筹规划,强化了生态城面向区域的对外交通功能,快速推进硬件基础设施建设,以便为政府管理和企业服务提供有力抓手,探索出生态保护优先的规划技术路径,从而科学布局生态保护空间,有序促进了城市开发、生态保护和重大产业项目落地。

闭环管理机制严格保障目标实现。生态城建立了"分解实施—监测统计—评估反馈"的分解实施闭环管理机制(如图 1 所示),密切跟进指标实施,强化过程管控,为各项指标分阶段、按时序实施提供坚实保障。一方面,通过日常监测、定期统计、问卷调查等方式严格落实指标动态监测工作。另一方面，完善评估反馈工作，综合分析指标完成情况、达标趋势，做到过程监控、全面评估，并将评估情况向各责任部门适时反馈，以便完善指标体系实施过程的综合调控，实现闭环管理的动态监管，科学保障了指标体系的严格落地实施。

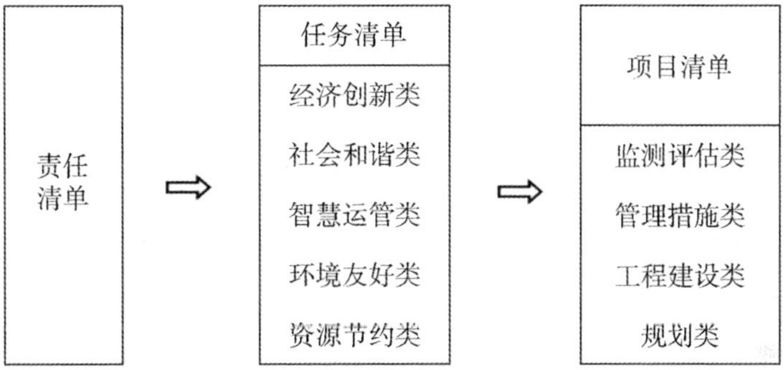

图 1　分解实施闭环管理机制

（二）城市宜居水平显著提升

生态城以生态修复和城市基础设施建设为重点，开展污水库治理、土壤改良、湿地保护、水体修复四大工程治理生态环境，加快路网、市政管网等基础设施建设，积极建设宜居宜业宜游的绿色生态新城。

强化生态修复和环境建设，提升城市宜居度和吸引力。环境空气质量大幅改善，生态城持续开展大气污染防治攻坚战和京津冀大气污染联建联防联治，在地区生产总值、机动车保有量和人口数量均高速增长的背景下，大气环境始终保持全市领先水平。据生态城管理委员会统计，目前生态城的 $PM_{2.5}$、PM_{10}、NO_2、SO_2、CO 等多项污染物年均浓度较建设初期均有显著下降[①]；水生态系统显著优化，近岸海域优良水质比例已经达到100%，实现“溪、河、湖、堤、

① 中新天津生态城管理委员会：《中新天津生态城 2022 生态城市白皮书》，2023 年。

湾、海”循环连通，蓝绿空间占比超过50%，地表水质全面达到五类，入海河流水质全部消劣；土壤环境风险得到有效管控，严格开展建设用地土壤环境风险管控，土壤环境质量状态良好，绿化用地、建设用地均符合土壤污染风险筛选值要求，土壤环境质量整体处于低风险水平；生物多样性水平快速提升，渔业资源和鸟类种群明显恢复，国家一级保护野生动物遗鸥在这里栖息越冬，观测到鸟的种类从之前的106种增加到现在的179种。

不断优化城市基础建设，以提升居民满意度为主线，打造宜居之城。一是打造景城相融的全域花园城市，积极推进城市绿化景观升级，建成了以中新友好花园、甘露溪公园、惠风溪公园等综合公园为代表，以篮球公园、轮滑公园等功能型社区公园为点缀，以丰富多彩的街角公园为补充的多点、多层次布局的城市公园体系，实现100%居住区步行5分钟可达公园绿地。二是形成环绕全城的生态绿道，将绿地空间、人行步道、廊桥栈道等有机连通，形成生态景观廊道，2022年生态城已完成68公里绿道建设。三是打造沿海亲水海岸线，建成了各具特色的东堤公园、南堤步道、南湾公园、印象海堤等重要休闲活动场所，形成包含12个主题景观、总长度15公里、总面积189公顷的近海亲海公共空间，打造集海防安全、生态保护、滨海休闲于一体的多功能亲海生态廊道。四是“无废城市”建设初具成效。从城市层面综合治理、系统治理、源头治理固体废物，截至2024年1月，生态城打造39个智慧垃圾分类精品示范小区，建设了190余座垃圾分类环保驿站，创建了无废景区、无废社区、无废学校、无废商场等多个“无废细胞”。

（三）绿色低碳发展成效显著

生态城将绿色低碳作为城市发展底色，快速推进节能降碳各项工作，低碳产业得到快速发展。

绿色低碳产业形成集聚效应。生态城牢牢把握建设现代产业体系的方向，突出高端化、智能化、绿色化、融合化、集群化，着力发展以人的智慧、健康、生活为生产力的产业，形成智能科技服务、文化健康旅游、绿色建筑与开发三大主导产业集群，累计市场主体超过4万家。在智能科技领域，形成以计算芯片为代表的支撑层、以应用软件为代表的产品层和以“人工智能 +”为代表的应用层产业链条,一汽丰田新能源汽车等一批智能科技龙头企业相继落地,北方大数据交易中心挂牌运营。在文化旅游领域,生态城作为国家全域旅游示范区,形成了丰富完善的旅游服务体系,2023 年游客突破 1200 万人次。此外,作为京津冀文化贸易企业聚集区,生态城建设了第一个国家级动漫产业园和北方第一个国家 3D 影视产业基地,文化产业年营业收入超过 320 亿元。在绿色建筑领域,生态城积极推广装配式、低碳式建筑,吸引绿色建材、装备制造等机构落地,成为北方唯一的国家绿色建筑示范基地。同时获得绿色建筑标识项目 127 项,吸引和培育 3000 余家绿色建筑与开发企业及机构落户。开发建设的低碳体验中心是中国首座获得新加坡建设局绿色标志白金奖的建筑。大力实施“双碳”行动,发布全国首套零碳示范单元标准体系,在社区、工厂、产业园区等探索“低碳—超低—近零—净零”减碳路径。率先实施天津市生态产品价值核算试点,探索建立核算标准,挖掘生态产品清单,将无价的生态系统“有价化”。

能源结构显著优化。大力开发利用太阳能、地热能、风能、生物质能,光伏,可再生能源使用率超过 16%。在太阳能方面,生态城居住建筑 100% 安装太阳能热水系统,实施多种形式光伏项目,包括集中地面光伏电站、风光互补路灯、建筑光伏一体化和工业厂房屋顶光伏。在地热能方面,生态城大力推广地源热泵技术应用,为公建项目、产业园区提供建筑所需的冷热源。截至 2023 年 5 月,已建成地源热泵应用项目 31 个,应用建筑面积超过 120 万平方米。在风能方面,生态城在公建项目建设风力发电系统,已安装风光互补路灯 800 座,覆盖道路 12 千米,蓟运河口风电场项目装机容量 4.5 兆瓦,年均发电量 350 万千瓦时。建成国内首批全自主知识产权的电力 10 千伏“雪花网”试点工程,电网使用效率提升 30%,供电可靠率达到世界领先水平。

(四)绿色科技成果快速涌现

生态城坚持科技是第一生产力、创新是第一动力,不断创新体制机制,持续提升自主创新能力,着力推进资源节约、集约、循环利用的绿色低碳技术体系,多领域多方面发展绿色科技。

电子信息领域实现极大跨越。引入清华大学天津电子信息研究院,大力发展芯片、智能制造、新材料等产业,截至 2023 年,清华电子院孵化聚集了一大批涉及信创、光电子芯片、医工结合、人工智能类科创企业,在津新增注册企业超过 140 家,实现"北京科研 + 技术孵化、天津成果转化 + 产业拉动"的京津冀协同创新模式。此外,华海通信"大国重器"生产基地建成投产,全市首个高端光电子芯片华慧芯建成投产并荣获天津市技术发明特等奖。

数字经济加快培育新质生产力。挂牌运营北方大数据交易中心,挂牌数据产品达千余个,泛智能科技产业占比 60% ,数据产业链条日益完善,助力生态城数字经济发展。2024 年 1 月 4 日,北方大数据交易中心与天津排放权交易所签署战略合作协议,共同推动碳与数据要素融合创新,助力产业链协同增效、绿色转型。

绿色交通物流产业成果显著。加强智能车路协同技术开发,鼓励高级别自动驾驶汽车开展道路测试,大力支持智能交通评估模型、智慧停车、智慧乘务等智能驾驶应用技术研发和产业化,加快形成智能网联汽车产业生态圈。

绿色科技成果转化能力显著增强。加强科技创新平台建设,获批天津市产业技术研究院、重点实验室等 9 个创新平台,在众多科技成果中获得市级科技奖项 4 项。先后引入启迪之星、北航星空众创空间等高水平科技创新载体,累计引入企业 1400 余家,其中科技型企业占比超过 60% 。年均科技投入超 5 亿元,孵化领域涉及大健康、新能源新材料、智能制造等与绿色低碳相关的方向。

智慧城市建设形成竞争新优势。生态城作为国家首批智慧城市建设试点和世界智能大会永久展示基地,积极搭建智慧城市运营中心,汇集了交通、建设、环境、医疗等 17 个领域的数据,运行 49 个智慧系统,实现各行业部门数据资源共享利用、城市管理综合联动。实施区域供热计量方式创新,将绿色建筑与强制性供热计量紧密结合,供热费用节约户数占全部供热户数比例达到 84% ,促进居民养成能源节约意识,保障居民生活品质。

(五)国际开放合作逐渐深入

中新合作建立了一套全新的区域合作开发模式,形成了独具特色的合作交流渠道,最大化发挥了双方政策、资金、资源等综合优势,取得了生态城市建设阶段性成果。

共创城市管理体制,有效推进城市建设。中新成立了副总理级的联合协调理事会和部长级的联合工作委员会,共同组建了15个联合工作小组,分别用于协调推动跨领域、跨部门的重大合作事宜,共同落实了智慧城市、“无废城市”试点、生态城经验推广、中新友好花园等重大建设项目,在规划建设、资源节约、产业发展、社会治理等领域给予了有力的政策支持。

共建经贸投资双向通道,有效推动企业交流合作。主动融入区域全面经济伙伴关系协定(RCEP),加快建设生态城自贸联动创新区,在生态城设立新加坡中心,在新加坡设立生态城服务联络窗口,以在岸和离岸两个平台为载体,在京津冀与东盟经贸走廊中发挥支点作用。落地北方首个东南亚跨境人才服务中心,亚洲最大的物流地产巨头普洛斯集团、新加坡最大光伏发电企业Sunseap等相继落户。持续畅通京津冀地区与东盟地区经贸投资双向通道,为双方企业交流合作提供专业化渠道。截至2023年1月,生态城有新加坡投资企业47家,注册资金超过16亿美元,投资总额超过22亿美元,主要涉及房地产、环保科技、文化创意、商贸、仓储物流、教育培训等领域。

共搭产学研合作平台,有效促进技术成果转化。中国天津国家动漫园与新加坡淡马锡理工学院签署战略合作谅解备忘录,双方在实习交流、创新创业、培训咨询、信息技术、严肃游戏等多个领域开展合作。生态城管委会、新加坡科技设计大学、生态城合资公司三方共同签署了战略合作协议,共同推进新加坡科技设计大学生态城科研创新中心项目落地,持续深化双方在科研以及产业转化领域务实合作。此外,中新友好图书馆与新加坡国家图书馆每年各精选100册经济、文化、文学等领域图书,免费赠予对方,以书籍为载体,不断深化双方文化交流。

二　生态城国家绿色发展示范区建设的宝贵经验

2013 年 5 月,习近平总书记在视察生态城时强调:“生态城要兼顾好先进性、高端化和能复制、可推广两个方面,在体现人与人、人与经济活动、人与环境和谐共存等方面作出有说服力的回答,为建设资源节约型、环境友好型社会提供示范。”这为生态城发展指明了前进方向和基本遵循。生态城不断积累绿色低碳发展经验,力争为解决资源环境问题提供中国方案,为城市可持续发展提供中国样板。

(一)坚持指标引领,规划先行

生态城充分发挥指标体系和总体规划的统筹作用,深入实施“生态 + 智慧”双轮驱动发展战略,打造出如今集生态、智慧、绿色、宜居于一体的美丽新城。一方面,开创了指标体系引领城市开发建设的新模式。生态城创造性编制了世界上第一套生态城市指标体系,通过定性指标确定城市定位和功能,通过定量指标保障社会经济发展的合理性和公平性,为确定各种规划目标、持续保障生态环境品质提供依据。生态城指标体系体现了科学性与操作性、前瞻性与可达性、定性与定量、共性与特性相结合的基本原则,成为指导和评价生态城规划建设的重要依据。另一方面,充分发挥“一张蓝图”的战略引领和刚性约束作用。生态城按照“一轴两翼三廊,一主五副”的思路保障了总体规划的生态文明统领性。在实施过程中,通过“总体规划—控制性详细规划—城市设计”的层级传导,保障了总体规划“原汁原味”落实。形成了“一个控规 + 三个导则”(《土地使用导则》《城市设计导则》《生态技术实施导则》)的规划传导机制,高效精准引领城市发展,也为全国规划体系高质量发展贡献了生态城方案。

(二)坚持生态优先、以人为本

生态城起步于污染严重的盐碱荒滩,始终秉持生态优先、以人为本的理念,如今已经建成宜居宜业宜游宜乐的绿色低碳新城。一方面,采取"先底后图"的生态保护思路,优先修复城市生态本底。生态城在城市规划建设中率先提出"复合生态观"理念,综合考虑生态低冲击、资源低消耗、环境低影响、安全低风险等各种因素,注重自然生态环境的保护修复,同时兼顾社会、经济等领域的低碳绿色发展。率先探索了优先保护生态空间、以资源环境承载力为硬约束、限定城市开发边界的技术方法,形成了污染湖库治理、污染场地治理、景观水体修复等领域的专利群,其中多项自主研发技术填补了我国在该领域的空白,为国内其他城市在生态红线和城市开发边界划定提供了实践经验。另一方面,以创造优良人居环境为目标,持续提升城市宜居韧性水平。生态城主动实施公共服务牵引发展战略,通过完善公共配套设施提升城市宜居水平,打造公共设施、生态空间、社区邻里等多重城市网络,适度超前建设教育、医疗、社区中心等民计民生设施,完善社区精细化服务功能,让人民群众生活更便捷舒适。确定了"一个总体规划、多个绿化项目支撑"的"花园城市"规划建设模式,积极建设网络化公园绿地和城市水系,打造蓝绿交织的复合生态系统,建成多级城市公园体系,开展立体绿化,增加空间生态容量,推进城市绿化景观升级。

(三)落实"双碳"战略,产城融合

生态城创新提出"生产、生活、生态"融合发展的理念,谋求环境提升和生态价值转化同步,坚持走绿色低碳发展道路。一方面,构筑以高新技术产业和现代服务业为主的产业结构,大力推进绿色产业集群化发展。生态城持续探索绿色产业发展路径,不断完善产业配套软硬件环境,培育产业聚集发展效应。发布工厂、产业等业态在内的零碳示范单元标准体系,在天津市率先实施生态产品价值核算试点,挖潜生态产品经济价值,为企业提供绿色建筑和可再生能源,搭建起了支撑企业绿色化升级的设施体系。引进中国资源循环集团,天津软件园在生态城开园,不断拓展产业空间,推动智能科技产业集聚。另一方面,以优质的营商环境为重要支撑,形成了"以城促产、以产兴城、产城融合"的良性闭环。生态城深度融合城市建设与绿色产业发

展，放大平台优势、场景优势、政策优势，以市场引投资、以投资促产业。结合产业定位和自身发展，持续打造综合成本低、服务效率高、城市环境美、法治环境好的营商环境。积极推进“一企一证”“拿地即开工”“免申即享”“区域能评”“一件事集成服务”等举措高质量落地，持续优化政务服务水平。完善分级、分类“信用＋智慧”监管，建立针对新产业、新模式、新业态的容错试错机制。此外，生态城发挥自贸联动创新区优势，在“保存量”基础上争取更多产业政策扶持空间，研究完善文化旅游、大健康等“一揽子”产业扶持政策，发挥产业母基金的引导作用，吸引基金投资项目落户，打造“政策＋平台＋基金”的产业发展新格局。

（四）坚持科技创新，智慧赋能

生态城围绕产业链布局创新链，引育集聚创新主体，不断提升创新策源能力、成果转化能力、科创服务能力。一方面，积极提高科技创新能力，加快形成新质生产力，增强发展新动力。生态城重视电子信息、生物医药、新能源等战略性新兴领域的发展，把科研优势、产业优势和区位优势转化为发展动能。大力培育科技创新队伍，完善人才“引用留育”政策，积极开展宣传推介，定期组织创新创业人才交流活动，加快聚集一批创新人才、工程技术人才和技能人才，让人才成为发展的第一资源。另一方面，实施智慧赋能的城市治理策略，推进治理体系和治理能力现代化。生态城积极推进智慧城市建设，强化城市智能化管理，运用互联网、大数据等信息技术手段，搭建城市信息平台，打破数据壁垒，提高城市科学化、精细化、智能化管理水平。2019 年生态城被工信部评为智慧城市典型地区。2020 年，住房城乡建设部印发开展城市信息模型（CIM）平台建设试点，将生态城纳入 CIM 平台建设试点。

（五）坚持中新合作、互利共赢

中新合作从共同谋划到共同建设，迈向互利共赢。双方在多个领域开展项目合作，搭建经贸投资双向通道，成立行业联盟和科研合作平台，促进企业交流合作和技术成果转化，极大拓宽了中新合作领域和合作深度。第一，发挥中新合作的体制优势，凝聚中新双方的智慧进行管理体制的创新。一方面，生态城始终坚持平等互惠、共谋发展的双边合作机制。两国政府部门积极响应、务实协作，建立高层级机制共同谋划生态城建设，保障了生态城高质量开发。双方共同研究审议多项指标体系、总体规划、支持政策等议题，在安全韧性城市、教育研发领域签署战略合作协议，为高质量发展持续赋能。另一方面，不断创新管理体制。中新双方成立商业联合体承担开发建设任务，按照“政企分开、市场化运作”的原则，双方分别组建了具体负责推动天津生态城开发建设的企业主体，即中方投资公司与中新合资公司。企业主体自主经营、自负盈亏，参与市场竞争，有助于企业主体发挥能动作用，精简管理流程。第二，加大共同发展模式的推广力度，扩大国内外影响力。在住建部、新加坡国家发展部大力支持下，生态城绿建院、吉宝企业、北京御道十方科技集团等机构共同成立了城市可持续发展研究推广中心，全面整合可持续发展研究、开发与实践等全产业链资源，总结生态城可持续发展经验，形成可复制、可推广的知识产品，将生态城可持续发展经验面向全世界城市进行复制推广，切实提高生态城的国内外影响力及示范引领作用。同时深度参与全球标准化体系建设，入选全球可持续发展标准化城市联盟典型案例。双方共谋城市发展经验推广复制路径，将生态城打造成交流、示范、输出平台，持续扩大生态城的国内外影响力。得益于生态文明的滋养，生态城进入了绿色发展的快车道，生态城市建设经验在国内外得到复制推广。

三　深化生态城绿色发展的对策建议

（一）加快培育绿色低碳产业

未来生态城要把握绿色低碳产业发展的历史机遇，以建设高端化、智能化、绿色化现代产业体系为目标，形成具有国际竞争优势的绿色低碳产业集群。第一，推动绿色低碳能源转型，全面提升能源利用效率，大力发展非化石能源，加强综合能源管理，积极推广绿电应用。积极引进高效节能设备、产能储能设备、新型光伏发电设备,积极推进电化学储能、空气储能、氢储能等储能技术应用。开展海洋潮汐能技术研究、装备研发制造与应用。加快推进半导体制热材料、装配式铺装系统、分室智能化控制及感应系统等供热节能技术研发和产业化。第二,培育绿色低碳高端制造,大力发展绿色建筑产业、绿色交通物流产业等核心产业。鼓励开展机器人等系列产品模块化设计、高速高精度控制、开放式网络化系统集成控制等关键技术研发和产业化推广。积极推进低碳建筑领域的技术研发和产业培育。鼓励高级别自动驾驶汽车开展道路测试,加快形成智能网联汽车产业生态圈。借助新加坡国际航运枢纽、贸易中心和金融中心资源优势,依托天津港智慧近零碳码头,加快打造绿色港口航运、绿色物流贸易等产业集群。

(二)提升绿色低碳创新能力

未来生态城要以科技创新为根本动力,以技术创新、产品研发、标准认证、技术应用为链条,串联起绿色低碳技术研发推广和应用全过程,为生态城绿色低碳发展升级提供根本动力。第一,聚集行业头部技术研发机构,培育一批绿色低碳技术创新载体和平台。加强与新加坡政府部门、科研院所、协会组织合作,积极引进绿色技术研究院、绿色创新实验室和知名投资机构等优质创新资源。第二,积极参与绿色标准制定,形成绿色低碳高质量发展标准支撑体系。支持相关机构和企业参与制定国家标准、地方标准、行业标准、团体标准。鼓励建立重点产品碳标识制度,开展碳标识、绿色产品等认证服务。第三,推进绿色低碳产品研发,推动绿色低碳技术成果转化和创新应用。强化投融资支持,鼓励企业间合作,支持科研机构、重点实验室、工程中心等创新平台对关键技术开展协同攻关,不断形成新技术、新工艺、新材料、新设备等关键领域技术产品,助推新产品进入市场。

(三)健全绿色金融服务体系

绿色金融通过提供多样化的绿色金融产品和服务来引导资金流向,是推动经济低碳转型不可或缺的制度安排和金融工具[①]。未来生态城要加快构建符合中国特色的绿色金融服务体系，为实现高质量发展提供强有力的金融支持。第一，加强顶层设计。完善配套政策、机制及基础设施，确保绿色金融服务体系的高效运作。推动绿色金融专项法律体系构建，修订统一的绿色金融标准体系，制定绿色项目的评估标准和认证机制，促进财政、金融、环保等部门的协同合作，确保政策的一致性与有效性。拓宽绿色金融市场，发展绿色债券和绿色基金，提供多样化的融资工具，满足不同绿色项目的资金需求，引导资本向绿色产业流动。第二，推进能力建设。完善信息共享体系，提高绿色投资的效率和透明度，为金融机构提供决策依据，促进市场参与者之间的信息交流。构建监测评估系统，设立专业机构、监管平台对绿色项目进行评估认证，完善信用惩戒机制。增强执法监管力度，通过专业培训提高执法人员的执法能力与专业水平，鼓励公众参与环境监督，实施严格的处罚措施，为碳排放权交易和排污权交易等绿色金融产品创新奠定坚实基础。第三，优化激励机制。给予绿色金融项目资金、利率、税收优惠，明确绿色金融激励标准，建立差异化的激励方式，并对积极推动绿色金融发展的金融机构和企业给予更多支持，调动金融机构的积极性与主动性。提高绿色金融激励决策的透明度，制订“洗绿”“漂绿”防范、打击措施，将保障落到实处。

（四）推动中新合作与时俱进

中新合作是生态城绿色发展的新思路和新实践，要充分发挥中新合作优势，为生态城市建设注入新活力。第一，深化在科技创新、绿色发展和城市管理等领域的合作。推动中国和新加坡在智能城市建设、清洁能源技术等领域的联合研发与应用，促进绿色建筑、生态农业、低碳交通等可持续发展项目的开发与合作，共享智慧城市管理经验，提升城市治理水平。第二，促进在资源、经验、信息等方面的共享与交流。建立跨国合作科研平台，提升技术创新的发展速度与可行性，鼓励企业和科研机构共同参与生态城可持续发展项目，推动

---

① 王笑音：《绿色金融对经济低碳转型的影响效应及机制研究》，吉林大学博士论文，2023年。

绿色产业的发展,定期举办相关论坛和研讨会,促进政策对话与经验分享,共同推动生态城的绿色转型与高质量发展。中新天津生态城为两国提供一个示范平台,是深化生态城国家绿色发展示范区的最佳实践,要将经验成果推向国际舞台,发挥重要牵引作用,推进生态城经验的复制推广。第三,加强在政策、标准制定层面的国际合作。联合新方共同参与国际生态城市相关政策、标准的制定,确保技术和实践的全球一致性,并借鉴国际先进经验,推动本地政策的创新与优化。建立多方合作机制,促进政府、企业与学术界在绿色发展角度的政策协同,提升政策的有效性和灵活性,为生态城的可持续发展提供坚实保障。

国有企业绿色低碳转型的生动实践

——以天津能源投资集团为例

侯小菲　天津社会科学院生态文明研究所副研究员

摘　要： 近年来，天津积极推进能源革命先锋城市建设，成绩斐然。2022年8月天津市政府印发《天津市碳达峰实施方案》，明确提出国有企业要在碳达峰行动中发挥示范引领作用。天津能源投资集团作为天津市大型能源企业集团，充分发挥在落实天津市能源规划中的带头作用、在保障全市能源供应中的骨干作用和在全市重大能源项目合资合作中的主导作用。本报告从产业结构转型、能源结构转型、技术创新突破等方面对天津能源投资集团绿色低碳转型的具体实践进行梳理，分析以天津能源投资集团为代表的国有企业在绿色低碳产业发展、绿色低碳技术创新和推广、战略性新兴产业谋篇布局等方面做出的努力和成绩。明晰国有企业主体对天津市绿色低碳循环发展的重要意义，为天津市更好地强化国有资本助力绿色低碳循环发展提供一定的经验借鉴。

关键词： 天津能源投资集团　国有企业　绿色低碳转型

2024年8月11日，《中共中央　国务院关于加快经济社会发展全面绿色转型的意见》发布，提出要加快产业结构绿色低碳转型，积极稳妥推进能源绿色低碳转型，包括推动传统产业绿色低碳改造升级、大力发展绿色低碳产业、加强化石能源清洁高效利用、大力发展非化石能源、加快构建新型电力系统等具体内容。近年来，天津市推动绿色低碳发展成效显著，绿色动能持续蓄积，“双碳”工作稳步推进，绿色低碳支撑体系持续完善。国有企业作为党执政兴国的重要支柱,在生态文明建设中扮演着主力军和先锋队的角色。推动绿色低碳发展不仅是企业社会责任的体现,更是对国家“双碳”目标的积极响应。国有企业在绿色低碳发展道路上有着巨大的发展潜力和资源优势,积极应对挑战实现可持续发展,不仅有助于推动经济绿色低碳转型,减缓气候变化的消极影响,还有助于提高国有企业的核心竞争力,实现高质量发展。

能源是经济社会发展的重要物质基础和动力源泉,也是推进碳达峰碳中和的主战场。2021 年国务院印发《2030 年前碳达峰行动方案》,提出把加快构建清洁低碳安全高效的能源体系作为实现碳达峰、碳中和的重要一环,把实施能源绿色低碳转型行动作为“碳达峰十大行动”之首。天津作为一座人口超千万的超大城市,产业结构偏重、能源消费强度偏高,能源转型既是大势所趋,又刻不容缓。天津提出打造能源革命先锋城市,天津能源投资集团作为最具代表性的企业之一,在实现绿色低碳发展过程中责任重大,任务艰巨,努力争做能源绿色低碳革命的先行者和行动者。

一　天津国有企业积极践行绿色低碳发展

国有企业对经济社会发展发挥着重要支撑作用。2023 年,天津市国资系统对标对表落实全市高质量发展“十项行动”,全力以赴盘活存量、培育增量、提升质量,扎实推进发展、改革、监管、党建等各项工作,推动国资国企呈现稳中有进、回升向好态势。2023 年,天津市国资系统企业实现利润总额同比增长 14.4%,营业收入同比增长 6.5%。

国有企业绿色低碳转型发展尤为重要。2022 年 8 月,天津市政府印发《天津市碳达峰实施方案》,将“重点领域国有企业要制定实施企业碳达峰行动方案,发挥示范引领作用”作为天津市绿色低碳全民行动重要工作予以推动。面对复杂多变的国际国内能源形势和诸多环境风险挑战,天津国有企业主动适应中央和天津市委关于绿色低碳发展要求,承担国家赋予的历史使命,在“双碳”发展背景下履行政治责任、经济责任和社会责任,各行业领域大型国有企业依托制度和科技创新加快绿色低碳转型,积极推动能源结构优化调整,推广应用先进绿色技术，持续开发利用绿色能源，发展绿色低碳产业产业链和供应链，构建绿色低碳循环经济体系，实现高质量发展，为支撑国家和天津市实现碳达峰碳中和目标做出国企贡献。

天津市国有企业绿色低碳转型成效显著。泰达股份在加速绿色转型上成绩亮眼，截至2022年，共有生态环保项目26个、垃圾焚烧发电日处理规模12410吨/日、绿色上网电量超13.7亿千瓦时、可再生能源发电量超16.5亿千瓦时、二氧化碳减排量超97.3万吨。创新研发PLA熔喷可降解材料、木浆多纤混喷新材料，60天降解率达到95.2%。自2021年以来，天津港集团先后实现第二集装箱码头公司、太平洋国际集装箱码头公司和三个滚装码头公司的“零碳”运营。在能源供应侧，大力开展风能等新能源项目建设，在北疆港区、南疆港区、东疆港区新建成7台风机，累计投运15台风机，新能源发电系统装机容量达78兆瓦，年发绿电能力近1.8亿千瓦时，源源不断为港口生产输送清洁电能。在能源需求侧，已累计投资超亿元，建成150台供新能源重卡和流动机械使用的充电桩，充电总功率超4.7万千瓦；集装箱、干散货泊位实现岸电设施100%覆盖，自有船舶100%使用岸电，来港船舶岸电应接尽接，累计供电量超2000万千瓦时；港作设备清洁化占比达52%，自用集装箱运输车辆电动化比例达70%，并以92台人工智能运输机器人（ART）、235台电动集卡组建规模化清洁能源水平运输车队。

二　天津能源投资集团的绿色低碳转型之路

天津能源投资集团有限公司（以下简称“集团”）成立于2013年5月30日，经天津市委、市政府批准，由天津市津能投资公司和天津市燃气集团有限公司重组而成，是天津市国资委监管的国有法人独资公司，注册资本100.94亿元。作为天津市能源项目投资建设与运行管理主体，集团以“四源”，即电源、气源、热源、新能源为主营业务，承担着保障天津市能源安全稳定供应和推动能源结构调整优化的重任。2023年，集团完成投资20.45亿元，清洁能源新增5.08兆瓦，累计发电装机1506.5万千瓦；燃气管线新增800公里，累计1.88万公里，用户增至440万户，供输气量47.88亿立方米；供热面积新增686

万平方米,累计 1.7 亿平方米,用户增至 121 万户,供热量 4263 万吉焦。2023 年营业收入 195 亿元,利润总额 2.58 亿元。

推动经济社会发展绿色化、低碳化是实现高质量发展的关键环节。近年来,天津能源投资集团加快推动能源结构调整优化,坚定不移走生态优先、绿色低碳发展道路,努力使绿色成为企业最厚重的底色、最鲜明的特质和最持久的优势。

(一)依托主责主业,推动绿色低碳进程

1. 淘汰落后产能,释放发展新动能

面对传统能源产业中存在的能耗高、污染重、效率低等问题,天津能源投资集团坚决淘汰落后产能,为新能源与清洁能源的发展腾出空间,为产业转型升级奠定坚实基础。集团对下属企业的生产设备进行了全面评估,并逐一制定了淘汰计划,通过引进先进技术和设备,替换原有的高能耗、低效率设备,显著降低能源消耗,大幅提升产品质量和生产效率。结合国家产业政策与行业标准,制定了严格的落后产能淘汰标准,确保工作有章可循、有据可依;针对不同类型的企业和生产线,采取"一企一策""一线一策"的精准淘汰方案,确保淘汰工作有序、高效推进;同时积极争取国家及地方政府的政策扶持,为淘汰落后产能的企业提供资金补贴、税收减免等优惠政策,减轻其转型压力。截至 2023 年,集团承担全市 121 万户居民和企事业单位的供热任务,直接集中供热面积 1.7 亿平方米,占全市集中供热面积的 29%,实现了 100% 清洁供热。通过一系列举措,成功淘汰了一大批高污染、高能耗的落后产能,不仅显著降低了环境污染和能源消耗,更为新能源产业的发展腾出了宝贵空间,为产业升级注入了强劲动力。

2. 实施煤炭清洁利用,构建绿色循环经济体系

传统煤炭利用方式带来的环境污染问题不容忽视,因此,天津能源投资集团将技术革新作为推动煤炭清洁高效利用的关键,不断加大研发投入,依托自身的科研力量,与多家知名高校和科研机构建立了长期合作关系,引进和自主研发了一系列先进的煤炭清洁利用技术,如超临界二氧化碳发电技术、高效燃

煤锅炉技术、余热回收技术等，有效提升了煤炭的燃烧效率和能源转换效率，减少了污染物排放。天津能源投资集团大力推进清洁供热发展，建成杨柳青、军粮城、东北郊、陈塘热电、北塘、临港、南疆热电厂配套供热管网，分别实现中心城区和滨海新区核心区供热“一张网”联网运行，建成集热电联产、煤炭清洁利用、燃气锅炉、地热等多种热源一体的联网调峰智能供热系统。华苑清洁高效煤粉炉与污水源多能互补综合应用项目持续推进，环保效果突出，节能效果明显，资源保障稳定，成本经济可行，示范带动效应明显。此外，集团还积极探索煤炭与其他可再生能源的互补利用，如煤电与风电、光电的联产联供，进一步提高了能源系统的灵活性和清洁度。

3. 盘活存量资产，优化资源配置

在推动绿色低碳发展的进程中，有效盘活存量资产、优化资源配置是实现高质量发展的关键，为此，天津能源投资集团积极探索存量资产的多元化利用途径，通过技术创新和产业升级，提升资产的运营效率和环保效益。其中，“陈热”集中供热低碳提升项目作为天津市中心城区供热网智能低碳提升的系列工程之一，充分展现了集团在绿色低碳领域的深厚实力和前瞻视野。项目通过对陈塘庄燃气电厂 2 套 900 兆瓦级燃气—蒸汽联合循环“二拖一”供热机组进行烟气余热深度回收利用改造，实现电厂废热再利用和能源梯级利用。项目通过对烟气资源的盘活利用，新增供热能力 500 万平方米，有效缓解了热源紧张的局面，每年可回收热量 177 万吉焦、回收烟气冷凝水 11.2 万吨，节省 2373 万立方米天然气，减少二氧化碳排放 5.3 万吨、氮氧化物排放 6.8 吨，在节约能源、减少污染、提升供热保障能力等方面起到积极作用，实现了经济效益和环境效益的双赢。

（二）布局新能源产业，推动能源结构转型

1. 推进热电联产项目建设，构建新型电力系统

天津能源投资集团全资建设了总容量为 2 ×923 兆瓦的燃气热电联产项目——天津陈塘热电燃气热电厂，与华能集团、大唐集团、国家能源集团、华电集团、国投电力公司等国家大型发电企业合作，投资建设了 4 ×1000 兆瓦超超

临界北疆电厂循环经济项目、杨柳青热电厂、东北郊热电厂、军粮城热电厂、大港电厂、大唐盘山电厂、国能盘山电厂、北塘热电厂、南疆燃气热电厂等13个天津主力发电项目。国内首台"H"级燃气—蒸汽联合循环发电机组军电六期工程顺利投产发电。陈塘热电光伏发电项目作为天津首个光火一体化光伏发电项目,为传统火力发电推进低碳化转型提供了范例。集团投资在役发电装机容量1506万千瓦,占天津主力装机容量的80%以上,为天津发展提供了强有力的电力和清洁供热保障。

2. 积极推进新能源项目,打造绿色能源网络

天津能源投资集团积极落实"双碳"任务,因地制宜成功实现光能、热能、空气能等创新利用,建成经贸学院综合能源站等综合能源项目5个,实现集团浅层地热能、冷热联供、中深层无干扰地热、污水源综合利用零的突破。截至2023年底,地热供热能力60.28兆瓦,拥有11座地热供热系统,建成城建学院"取热不取水、无干扰井下换热"示范项目,地热供热规模290万平方米。风电光伏发电总装机109兆瓦,大神堂风电项目实现了天津风力发电零的突破,打造"智慧风电场",建成全时域管理信息系统,已3年获评"5A级风电场"。天津西站光伏电站是非晶硅屋顶光电建筑一体化示范项目,赛瑞分布式光伏发电项目作为天津市首个自发自用余电上网项目,为天津太阳能发电起到引领作用。河西区屋顶光伏等5个项目落地。拓展电子仪表所等能源托管项目4个,建成瑞景锅炉房光热等低碳示范项目5个,清洁能源项目建设有力推进。2023年签订综合能源及托管项目20余个,与4家央企签署战略合作协议,新能源装机规模增至314兆瓦、储备项目规模1075兆瓦。

3. 实施绿色零碳热源开发项目,凸显节能减排成效

绿色零碳热源开发项目旨在通过利用可再生能源和垃圾焚烧发电余热,实现能源的清洁高效利用,减少碳排放,促进城市绿色低碳发展。绿色零碳热源开发项目以泰达生活垃圾焚烧电厂为试点,通过对电厂2#机组凝汽式汽轮机进行高背压改造,提取凝汽器侧循环水余热,实现热电联产。改造完成后,该电厂将不再单纯发电,而是向周边供热站提供热源,满足城市供热需求。同时,项目还新增了电厂内循环水管道,提高了热能的输送效率,进一步降低了

能源消耗。项目投产后,每年可节省燃料消耗量折算标准煤 8887.7 吨,节约水量 10.44 万吨,减排二氧化碳 2.3 万吨、二氧化硫 75 吨、氮氧化物 66 吨、一氧化碳 203 吨。这些数据彰显了天津能源投资集团在推动绿色低碳发展中的不懈努力和显著成果。

(三)创新引领,科学技术激发绿色新动能

1. 数字技术赋能,搭建智慧能源平台

智慧能源是指利用现代信息技术、物联网、大数据、云计算等先进技术,对能源生产、传输、分配、消费等环节进行智能化管理,实现能源的高效利用和可持续发展。随着全球能源需求的不断增长和能源结构的转型升级,智慧能源已成为各国能源发展的重要方向。天津能源投资集团多年深耕智慧能源,13 项科技创新技术填补了国内空白,6 项填补了天津市空白,连续 4 年获评供热行业综合能效评比最具权威的"中国供热行业能效领跑者"称号,热电公司智慧供热运营中心典型经验入选天津市委宣传部基层理论宣讲案例。集团所有综合能源项目均已实现远程智能控制运行。自主研发的全网平衡精准供热系统,通过加装传感设备和控制装置,采用人工智能技术实时自动调节,实现不同建筑、不同时间的精准供热,同时解决同一建筑阳面房间过热、阴面房间过冷问题。同时将精准供热技术拓展到了精准供冷、生活热水等多种能源供应,实现新技术、新工艺与用户用能习惯的和谐耦合,既保证了用户用能舒适度,又达到了节能降费的目的。搭建智能燃气、供热调度运行管理平台,应用无人机巡视、负压波在线监测、智能换热机组、物联网燃气表具等技术,对用能过程进行全方位监测,实时掌握用能设备健康状态,确保用户用能安全。

2. 加大研发投入,强化科技创新能力

科技创新是推动企业高质量发展的核心引擎。天津能源投资集团连续 6 年参加世界智能大会,作为天津市清洁能源链参展商亮相首届链博会,以传统与清洁能源的多能互补耦合供能方案,成功展示集团一站式能源服务实力。集团不断加大研发经费投入,致力于技术创新与产品研发,2023 年研发经费同比增长 6.4%,集团通过优化资源配置、完善创新机制、加强人才培养等措施,

成功培育了15家国家高新技术企业,热电公司首次获得市科技领军企业称号。这些企业在绿色低碳技术、新能源开发、智慧能源管理等领域具有显著的技术优势和创新能力,为集团的绿色低碳发展提供了有力的技术支撑。同时,集团紧跟国家发展战略,积极参与创建天津市信创领域创新联合体,与华北电力大学、天津大学、河北工业大学等高校签订产学研合作协议,为雄安新区、沧州等地供热企业提供供热联网调峰技术支撑。

三 天津能源投资集团绿色低碳转型的"天津经验"

天津能源投资集团充分发挥在落实天津市能源规划中的带头作用、在保障全市能源供应中的骨干作用和在全市重大能源项目合资合作中的主导作用,秉承"汇聚清洁智慧能源、输送幸福美好动力"的企业使命,扎实推动高水平现代化能源供给和服务体系建设,完整、准确、全面贯彻新发展理念,推进盘活存量、培育增量、提升质量,服务科技创新、产业焕新、城市更新,全面做好能源保障、能源发展、能源安全"三篇文章",纵深推进效益提升、项目抢占、市场拓展、营商服务、数字赋能"五场硬仗",建功天津"十项行动",奋力开创可持续发展的一流综合能源集团新局面。

(一)聚焦高效低碳,构建多能互补格局

天津能源集团以电源、气源、热源、新能源为主营业务,多年来通过调整能源结构,优化产业布局,推动绿色低碳转型。一方面,加强煤炭清洁高效利用,推进燃煤锅炉改造和耗煤项目审批管理,严格控制煤炭消费量。另一方面,大力发展可再生能源,加快风电、光伏等新能源项目建设,不断扩大可再生能源应用比例。在传统能源领域,通过采用先进的节能技术和设备提高火电机组的能效水平,降低碳排放强度,加强火电机组的灵活性改造,提升电网的调节能力和安全保障水平。综合能源供应中二宫公园综合能源项目通过"热电联产+空气源热泵+制冷机"的综合能源供应方式提供供热、供冷和供生活热水服务。该项目的成功运行节省了用户人力资源成本,提高了用户用能的安全

性和稳定性。同时,通过对用户不同时段用能需求的跟踪,可实现远程实时调节供能参数,达到精准控制、科学管理、节能降耗的目的。国有企业应积极探索多能互补系统的构建与优化,将不同种类的能源进行协同利用,实现能源优势互补。例如,将太阳能、风能等可再生能源与储能技术相结合,构建稳定的能源供应体系;将工业余热、废热等低品位能源进行回收利用,提高能源的综合利用效率。同时,转变传统的能源供应模式,向能源服务模式转型,通过提供综合能源解决方案、能源合同管理等服务,实现能源使用的优化和节能减排目标。国有企业还可以利用自身的技术和资源优势,开展能源租赁、能源金融等创新业务,拓展能源服务的广度和深度。

(二)积极建设新能源项目,推动能源结构转型

在新能源领域,天津能源集团积极布局风电、光伏等可再生能源项目,以风、光、地热等可再生能源为主打赢结构调整攻坚战。例如,在北疆港区、南疆港区、东疆港区等地新建成 7 台风机,累计投运 15 台风机,新能源发电系统装机容量达 78 兆瓦,年发绿电能力近 1.8 亿千瓦时。这些新能源项目的建设和投运,不仅为港口生产输送了清洁电能,也为天津市的能源结构转型做出了积极贡献。津安热电公司建成的太阳能光热耦合柔性蓄供暖系统,将“太阳能集热”“太阳能光伏/热(PV/T)”“变相蓄热”等新能源技术有机结合,实现了可再生能源供热与日常绿电供应,为“双碳”背景下探索向多类建筑提供清洁冷热源积累了有益经验。国有企业在布局新能源产业时,应充分利用自身优势,加大在新能源技术研发方面的投入,提升技术水平,推动新能源产业的技术创新和产业升级,并积极拓展业务领域,推动产业链融通发展。梳理从新能源的研发、生产、应用到售后服务环节,全面延链补链强链,形成完整的产业链条,提高整体竞争力。同时,国有企业应坚持集中式与分布式并举,加强与央企域内外合资合作,建立新能源项目投资储备库,提升市场化投资并购能力,努力实现滚动式、规模化发展。在战略性新兴产业布局上,国有企业需要紧跟城市更新或产业园区提升改造步伐,研究布局能源微网、北斗应用、充电桩等产业;深化国资国企内部协作,围绕零碳楼宇、零碳工厂、零碳园区以及碳资产的开发、利用、交易,拓展相关业务。

(三)应用数字技术,推动智慧能源建设

在供热领域,天津能源集团积极推动热电联产和智能供热系统建设。通过建设热电联产机组和智能供热系统,实现热源的高效利用和供热系统的智能化管理。例如,陈塘燃气电厂等一批热电机组建成投运,成为华北电网重要电源支撑和天津市热电联产主力热源。同时,集团还全面建成集热电联产、煤炭清洁利用、燃气锅炉、地热等多种热源一体的联网调峰智能供热系统,实现中心城区和滨海新区核心区供热"一张网"联网运行。这些举措的实施,不仅提高了供热效率和服务质量,也推动了供热行业的绿色低碳转型。大神堂风电场以"建设区域标杆、打造智慧风电"为目标,通过精细化消缺和设备深度治理,提升了电力指标和设备运行水平。同时,应用"大、云、物、移"等技术手段,实施智能化无人机巡检系统、叶片声音识别系统等,有效降低了作业风险和作业强度,提高了风机可利用率和性能指标。这些智慧化建设措施,为风电场的绿色低碳运营提供了有力保障。国有企业需要持续加大技术创新投入,推动数字技术与能源技术的深度融合,形成具有自主知识产权的核心技术体系,同时加强与产业链上下游企业的合作,积极拓展智慧能源应用场景,将数字技术应用于能源生产、传输、分配、消费等各个环节,形成覆盖全链条的智慧能源体系。